槛 外 人 言

——学习建筑理论的一些浅识

张钦楠　著

U0387728

槛外人言

—— 学习建筑理论的一些浅识

张钦楠 著

中国建筑工业出版社

图书在版编目（CIP）数据

槛外人言——学习建筑理论的一些浅识／张钦楠著.
北京：中国建筑工业出版社，2013.8
ISBN 978-7-112-15683-2

Ⅰ.①槛…　Ⅱ.①张…　Ⅲ.①建筑学－普及读物
Ⅳ.① TU-49

中国版本图书馆CIP数据核字（2013）第178354号

　　本书是作者在从事建筑工程设计与设计管理60余年工作中的学习心得、经验总结。作者从建筑的理论、历史、建筑师和职业建设四个方面进行了详细论述。对建筑理论，作者从建筑的功能层次论证了建筑设计与一般工程设计的原则区别、建筑师应当重视的功能范畴、当前妨害建筑创作繁荣值得注意的事项，并从方法论角度分别阐述了阅读城市与建筑的有效途径。对建筑历史，作者提出了对于中国建筑史的风格演变分期、从古至今中国建筑及其文化特征的观点；对于建筑师，作者认为应该重视建筑师和他们的业绩，只讲建筑，不讲其建筑师的建筑史是不完整的。对于职业建设，作者提出应该建立一个保护建筑师社会地位、权利和责任的职业制度。本书对于当前的建筑设计、城市建设工作提出了许多务实、积极而富于创意的见解，具有十分重要的指导和借鉴意义，值得建筑师、城市规划师，理论工作者及相关专业在校师生拨冗一读。

　　责任编辑：董苏华
　　责任校对：王雪竹　刘　钰

槛外人言
——学习建筑理论的一些浅识
张钦楠　著

＊
中国建筑工业出版社出版、发行（北京西郊百万庄）
各地新华书店、建筑书店经销
北京嘉泰利德公司制版
北京画中画印刷有限公司印刷
＊
开本：880×1230毫米　1/32　印张：5⅝　字数：160千字
2013年10月第一版　2013年10月第一次印刷
定价：45.00元
ISBN 978-7-112-15683-2
　　　（23454）

目 录

导　言

当我进入自己生命的最后阶段，回顾自己的一生时，一切都显得十分自然，只有一件怪事：就是我何以和建筑学打起交道？

我从小有些小聪明，在学校里书读得不错，数理化都在 90 分以上。我的志向是当一名工程师。我看过一部名为《苏伊士》的电影，就想当里面的主角。我的抱负是修造一座横跨太平洋、连接中美的大桥。

我果然在 17 岁进了美国麻省理工学院的土木工程系。然而，就在这时，我发现有一门学科比土木工程学要"吃香"，就是建筑学。

在哈佛大学学土木工程的学长杨式德告诫我："我们学土木的，就是土里土气、木头木脑"。我忽然大彻大悟，才发现自己缺乏艺术细胞，不会绘画，不懂音乐，不会跳交际舞……与建筑学的学生相比，他们穿得帅气，举止优美，谈吐高雅，站在一起，自感矮了一截。

毕业后回国，进了上海的华东建筑设计院，与建筑师们平起平坐，慢慢地感受又起了变化。那时全国都忙着工业化建设。厂房建筑都套苏联模式，建筑师不过是"穿衣戴帽，配几个生活间"；住宅建筑强调"经济"，套用标准设计；只有在少量公共建筑中，建筑师才有机会有所发挥，运动一来，又首当其冲受到批判。在这种情况下，我又觉得他们比我"矮了一截"。

从 1952 年到 1979 年，我先后在上海、北京、西安、重庆等地的建筑设计院工作（其中有 3 年在国家机关，觉得自己不适宜一出校门就进机关，于是经领导批准，又回到设计院），从一名技术员到工程师、室主任、主任工程师、副院长。我接触了建筑设计和设计管理的全过程，开始理解建筑设计团队就像一个交响乐团，有各种乐器的能手，但必须有一个指挥。这位指挥的音乐造诣不一定高于其他乐师，但是他的指挥作用却是客观需要，不可缺少。在建筑设计团队中，这个指挥就应当由建筑师担当。

1980年，国务院成立国家建工总局，我从西安调到北京。主持设计局的是王挺。他与我于20世纪50年代在建工部设计总局共事过。他见了我，第一句话是：

"老张，我们的任务是重新振兴建筑设计。"

经过"文革"的动乱，建筑设计行业遭到巨大的破坏：各大学的建筑系都被撤销，权威建筑师及其作品遭到多种批判，建筑理论荡然无存，"建筑创作"的提法也被取消（改为"建筑设计"），主管部门甚至还决定取消"建筑师"的职称，成为"工程师"的一个分支。

王挺任命我为技术处长（后来又被提升为副局长、局长），给我的第一项任务就是在广州召开各大设计院总建筑师、总工程师参加的技术会议，讨论制订振兴建筑技术的计划。

王挺是位不知疲劳的好干部，不久因心脏病去世，接任的是龚德顺。他一上台，就邀请各地名建筑师到敦煌开会，议题就是建筑创作的理论。会上发言热烈，特别是对"社会主义建筑风格"争论激烈。我第一次意识到建筑理论的重要性，下决心要学习它。

鼓励和指导我学习建筑理论的导师很多，最突出的有：

——戴念慈：在万里副总理直接提名下，他被任命为新成立的城乡建设部的副部长，是我的顶头上司。我经常去他的办公室汇报请示工作，谈完工作以后，他总要留我继续谈论其他问题，主要是建筑理论问题。给我印象最深的是他维护"建筑师"称号的努力，他不惜劳累，东奔西走，向部内外主管部局解释建筑师与工程师在职业上的不同。结果，人事部门同意在建筑系统内保持建筑师的职称。虽然还是"矮人一截"，但总算留下了一条细线。

戴老鼓励我学习建筑理论，愿意耐心地听我讲自己的学习心得和观点。是他推举我到建筑学会担任秘书长。后来，他自己成立"小而精"的建学建筑设计所，又要我帮他张罗。

——龚德顺：他是戴老提名到设计局担任局长的。我作为他的副手和继承人，配合默契。我们在办公室面对面相坐，除工作以外，就海阔天空地无所不谈，特别是敦煌会议上争论热烈的一些建筑理论问题。他鼓励我写文章，我后来先后著译十来本书和百来篇文章，应当归功（"归罪"？）于他。

——汪坦：他在"文革"后、人们还心有余悸之际，挺身而出，在中国建筑工业出版社主编《建筑理论译丛》，其中他找我（可能是听说我在美国念过书）翻译英国 G·斯科特的《人文主义建筑学》。我发现斯科特和我一样，都不是建筑学"科班出身"，于是斗胆承担，才接触到像哥特、巴洛克风格等等术语，引起了我对建筑史的兴趣。于是和几位同业集体翻译了美国 K·弗兰姆普敦的《现代建筑——一部批判的历史》，一发而不可收。

在导师们的鼓励下，我开始系统地学习建筑理论。但是，迄今为止，我还没有找到一部完整的、综合的建筑理论著作。我的学习都是单题的：先自己提出一个问题，再找相关资料，试图回答这个问题，然后用自己的语言来阐述自己的答案。

例如：我提出的第一个问题是："设计"作为一个解题过程，在建筑设计、工程设计、工艺设计、产品设计上有什么区别？我学习了 H·A·西蒙（诺贝尔奖获得者）写的《人工科学》一书，认为工程设计属于确定性问题，而建筑设计则属于"模糊性"（甚至是"狡猾性"）问题，前者可以有唯一的最优解，而后者却可以有若干个优化解。这是由建筑设计的本质决定的，从而也决定了二者设计方法的不同。

再如:对于"适用、经济、美观",我们如何理解"经济"这个概念?长期以来,我们往往把"经济"与"造价"等同起来,以为造价越省越"经济"。我带了这个问题回过来学习我在大学里所学的经济学,其教材又是一位诺贝尔奖的获得者 P·萨弥逊写的(而且是他课堂上讲的)《经济学》。他所阐释的经济学原理,用一句话可以概括:

> "经济学研究如何使用稀缺资源来生产有价值的商品,并把它们在不同人之间进行分配。"

我又结合学习了有关"全寿命费用(LCC)分析"和"价值工程学"方面的基础知识,于是理解到我们大量的"节约"型建筑实际上是"低标准、高消耗、高污染"的。

我就这样用"问－读－思－答"的方式涉猎了建筑学的各个理论问题。与此同时,我阅读了 S·柯斯托夫的《建筑史》和刘敦桢的《中国古代建筑史》,加上自己参与翻译的 K·弗兰姆普敦的《现代建筑——一部批判的历史》,对中外建筑史有了粗浅的了解。

在阅读建筑史中,给我印象最深的是中国古代建筑师的"缺位"。柯斯托夫除了《建筑史》,还写了一本姐妹篇——《建筑师》。我从中理解到要懂得建筑学理论,就必须了解建筑史,要了解建筑史,又必须了解创造建筑史的建筑师,同时要了解建筑师职业的演变和其特点。理论－历史－人物－职业,是一个有机的整体。中国历史上有极其丰富灿烂的建筑,但是在以上四个方面,我们都面临极其繁重的建设任务。

1990 年代初,陕西科学技术出版社委托建设部总工程师许溶烈先生主编一套《当代土木建筑科技丛书》,他向我约稿,我就不揣冒昧地写了一本《建筑设计方法学》,实际上是我这几年学习建筑理论的笔记,以期获得批评。可惜的是,它 1995 年出版时,敬爱的戴老已经过世,但我意外地得到张开济老先生的鼓励。此后,我和张老多次接触,从他那里学到很多很多(此书在 2007 年由清华大学出版社再版)。

　　改革开放以后，我又重新与国外的亲友取得联系，在工作上也逐步发展了与国外建筑师的沟通。1983 年，应澳大利亚文化委员会的邀请，中国建筑学会秘书长金瓯卜委派施宣、刘开济和我（当时在建设部设计局）三人去参加其学会的年会。我经过建设部批准与澳大利亚文化委员会达成了一个交流协议，每年指派一名中国建筑学者去澳大利亚进修，同时邀请澳大利亚方派建筑师来华讲授设计经验。从那时开始，中外建筑师的互相交流就不断发展。

　　1988 年，国家机构再次调整，戴老问我是否愿意去建筑学会。他对我提出两点希望：一是繁荣国内的建筑学术活动；二是发展与国际建筑界的关系。我们在国际人才交流中心的支持下，每年邀请 3—4 位外国知名建筑师来华举行学术讲座。通过这些交往，我结识了不少国外建筑师和建筑理论家，其中对我帮助最大的有：

　　——肯尼斯·弗兰姆普敦，美国哥伦比亚大学教授，建筑理论家，提倡批判的地域主义。我首次见到他就在 1983 年澳大利亚那次会上。事后，我根据刘开济的推荐，组织翻译了他的经典著作《现代建筑—— 一部批判的历史》，并且邀请他来北京和上海讲学。1999 年，他应我们邀请，配合国际建筑师协会第 20 次世界建筑师大会在北京的召开，除了与吴良镛教授在大会上做主题报告外，还帮助我们编撰了一部 10 卷本的《20 世纪世界建筑精品集锦》，其中选载了世界 10 大区一个世纪以来的 1000 项代表性建筑作品。这套丛书荣获国际建协颁发的建筑教育与理论奖（让·屈米奖）荣誉奖。我们的交往延续了近 30 年，我视他为我的良师益友，他则称我是"开辟走向中国道路"的人。

　　——豪格·格鲁斯堡，阿根廷国家艺术馆馆长，作家。首先是经过刘开济的推荐，我们邀请他来参加我们的年度建筑学术讲座，他由此爱上了中国（以及中国的糖醋排骨），反过来他又邀请刘总和我去阿根廷参加他们的国际建筑论坛。我们到达以后，才惊奇地发现这个论坛的"盛大"：来自欧、美和日本的几十位建筑"明星"大师济济一堂，白天，每天都有十来位大师介绍自己的最新作品，千人的礼堂坐满了建筑师和学生，气氛热烈；晚上，这些贵宾们相聚一堂，联欢到深夜。格鲁斯堡还通过布宜诺斯艾利斯市长给来自美、英、法等 6 个国家各一位来宾授予"荣誉市民"称号，没想到把我也作为来自中国的嘉宾列入其内（应当是给刘总的）。此后他又几次邀请我们去他每隔 2—3 年召开一次的讲坛。我先后去了 3 次，在其中结识了多个大名鼎鼎的建筑人物，直接听取了他们的许多创作观点。在 1999 年，他又帮助我们编撰了《20 世纪世界建筑精品集锦·拉美卷》。此后，我们很少来往，我从网上得知他在 2012 年 2 月去世，发去唁电竟因地址有误而被退回。

——安东·格鲁姆巴，法国建筑师。我是在阿根廷的国际建筑论坛上结识他的。他在大会上介绍了他在巴黎东北部进行旧城改造的经验，我特别感兴趣的是他对自己改造区中每栋建筑进行了实地调查，分别确定了"拆、改、留"的对策，而不是我们所热衷的"推平头"的做法；同时，他在对巴黎东北部（比较贫困的区域）老建筑进行"类型学研究"的基础上，对新建住宅的形态进行了创新设计，改造后保持"既老又新"的面貌。经戴老同意，我们邀请他到中国建筑学会在泉州召开的年会上作了学术报告，得到与会者（包括戴老、李道增教授等）的高度肯定。会后，我又陪他在北京访问了一天。除故宫、天坛等外，还参观一个新的住宅区。这时，他看到一个住宅楼单元门口的电灯开关装歪了，就严肃地向我提出指责：

"你们的建筑师怎么可以容忍这种施工？"

我只能苦笑地回答："中国建筑师无权干预这类事。"

他摇头表示无法理解。

一年以后，我有机会去巴黎开会。他热诚地接待我，用一整天的时间带我去看他在巴黎东北区所做的旧城改造，并参观了一些新住宅区和一个卫星城。晚上，他和夫人招待我在他于市中心奥斯曼式公寓顶层的居所中吃了顿简美的晚餐，饭后我们在屋顶阳台上一起观赏巴黎的夜景，度过了极其丰富和愉快的一天。

以后，我和格鲁姆巴就没有来往。最近，我在媒体上看到他应萨科齐总统的邀请，为 21 世纪巴黎的建设提供规划建议，知道他还在积极创作。对我来说，始终难忘他在北京看到一个电灯开关装歪时气愤的脸色。

格鲁姆巴的批评在我脑中产生了难以磨灭的印象。我开始理解到建筑师的职业建设不仅与建筑实践，而且与建筑学理论建设不可分割。特别是 1994 年国际建协执行局决定成立建筑师职业实践委员会，并委任美国和中国的学会担任联合书记，我被中国建筑学会委任为中方代表，加上当时我正参与建设部建立注册建筑师制度的工作，以致在整个 1990 年代，我的主要精力就转到建筑师的职业建设上。1995 年我国国务院总理签署颁发了《中华人民共和国注册建筑师条例》，1999 年国际建协第 21 次代表大会一致通过了职业实践委员会起草的国际建协《关于建筑实践中职业主义的推荐国际标准认同书》（相当于建筑师职业的国际标准）。我高兴地看到建筑师的法律和社会地位在中国和国际得到公认（本书有专门一节叙述建筑师的职业建设问题）。

1999 年在北京举行的世界建筑师大会和国际建协代表大会之后，我（当年 68 岁）正式辞去了国际建协职业委员会联合书记（由许安之教授接任），并卸去中国建筑学会副理事长的职务（中国科协已多次就我超龄后仍"赖"在这个职务表示不满）。此前，我已在 1994 年办理了国家干部的离休手续，从此，以我的"自由身"，我可以有更多时间学习、思考和写作。我把学习的重点放在建筑历史和建筑师业绩等方面，在国内和境外若干出版社的支持下，先后写了《特色取胜——建筑理论的探讨》（机械工业出版社，2005 年）；《跨文化建筑——全球化时代的国际风格》（中国建筑工业出版社，2007 年；香港商务印书馆，2009 年）以及《中

国古代建筑师》（北京三联书店，2008 年；香港三联书店，2012 年）等书，
阐述了自己的一些学习心得。

　　2011 年，香港建筑师学会授予我名誉会员的称号，我作了《中国建
筑文化传统的三大源泉》的报告（见本书第二章第一节），这可以说是我
对中国建筑史学习的一个总结。

　　在本书中，我将分别就建筑学的理论－历史－人物（建筑师）－职
业等四个方面写一些个人的认识，有的认识可能是"离经叛道"的，只
是提供批判。如果，一个"槛外人"的看法能对"槛内人"有所启发，
则于心满足了。

张钦楠

2012 年 7 月

第一章　理论

所有建筑理论的书开头总要提出和解决这个问题：建筑是什么？因为它确实是一个根本问题。人类为解答这个问题付出了巨大的代价，也取得过巨大的收获。

或许有人认为提出这个问题是庸人自扰。因为你随便问一个老百姓：建筑是什么？他会不假思索地回答："房子"。

但是如果那座房子是他出生和成长的地方，门外的树丛和草地（也许还有池塘或小河），室内的家具、陈设和墙上"全家福"的照片……这"房子"就有了特殊的意义，这是他的"家"。

而那些建筑理论家，却喜欢把建筑的概念分为两种：一是"建筑物"（building），讲的是建筑的物质组成；二是"建筑学"（architecture），物质之外，还加上精神因素。

其实，老百姓所说的"房子"，就相当于理论家所说的"building"；而"家"，则相当于"architecture"。*

我在拙作《建筑设计方法学》[陕西科学技术出版社，1995 年；清华大学出版社（第 2 版），2007 年] 中以三个功能层次叙述自己对"建筑是什么？"的理解，现摘录于下：

＊　"architecture"一词在中译时始终没找到一个恰当的词汇。在本书中，当涉及理论时，译为"建筑学"；当涉及实物时，译为"建筑"。

……在本书中，拟按照 H·A·西蒙提出的"近可分解性层级系统"的概念，把建筑物（或建筑群）视为一个系统，并分解为三个层次：

掩蔽物（shelter）；

产品（product）；

文物（relic）。

在某种程度上，这三种层次也反映了建筑的发展过程。

建筑作为掩蔽物，是它最原始、最古老、最基础的功能。以周口店北京猿人的穴居开始，建筑最初级的功能要求就是提供一定程度的安全性，包括防风、挡雨、防止野兽侵入等。这种掩蔽要求一直延续下来。唐朝诗人杜甫（712—770 年）向往着"安得广厦千万间，大庇天下寒士俱欢颜"，他的标准也只是"风雨不动安如山"而已。直至今日世界，按照联合国的统计，至少还有 10 亿左右人口为"无掩蔽户"*，说明对相当一部分的人来说，"掩蔽物"仍然是一种可望而不可即的奢侈。

当建筑仅仅满足掩蔽要求时，它通常被视为一种社会消耗，一种人类不得不付出代价的负担，一种维持人类本身简单再生产及必要繁殖的需要。在前资本主义时期，建筑多数属于这种状况。直至近日，还有人把建筑视为"非生产建筑"，仍然作为一项纯支出看待。

在工业社会出现以及资本主义生产方式在社会中占有统治地位之后，建筑的功能及性质有了很大的转变。建筑不再是单纯的掩蔽物及社会支出，它和其他工业产品（机器、化肥）一样，积极地参与社会财富的扩大再生产，用现代的词汇来说，它通过满足除了掩蔽之外的多种功能需要，为社会创造了经济、社会及环境效益。在工业化的国家中，建筑业成为国民经济的支柱，它的盛衰对整个经济的发展或停滞起着倍加

---

* Darshan J.UN: Shelter for All: The Role of Housing Policy in Implementing the Habitat Agenda.UN Centre for Human Settlements，1988.

的影响。

　　在前工业社会中，建筑物的费用（消耗、支出）绝大部分体现在一次建造之中，但是，在科学技术不断发展中，建筑物为了满足多种使用功能要求，增添了采暖、通风、空调、供水、排水、照明、电梯、电话、网络等各种设施。这些设施及整个建筑物在建成之后的经常运行及管理中，需要有相当大的费用支出。在国际能源短缺的形势下，这种经常性的支出往往要高出建筑物一次造价，甚至高出几倍。在这种情况下，建筑师的任务就不限于研究如何节约一次造价，还要把包括建筑物投入使用年限长期支出（即"全寿命费用"——life cycle cost，简称LCC）与它产生的收益相比较，以期达到最佳的产品效益。这就使建筑设计进入了一个新的、更高的层次。

　　建筑从一开始（包括周口店式的洞穴）就反映文化、反映社会（或社团）的生活模式及思想意识（如图腾崇拜等）。早在杜甫向往"风雨不动安如山"的掩蔽物之前的1000多年，周室王族就对自己的宫室提出了"如跂斯翼，如矢斯棘，如鸟斯革，如翚斯飞"（《诗经·小雅·斯干篇》）的形象要求。建筑与文化的相互渗透，贯穿于整个历史过程中。但是，长期以来，建筑的文化反映（包括艺术表现）往往是个人有意识的创作与集体无（潜）意识的创作相交杂的。前者往往只是体现在少数的高级建筑（神殿、宫廷等）中，而后者则以传统的方式出现在量大面广的普通建筑之中。只是随着社会的发展，有意识的个人创作逐步上升，原因如下：

　　（1）城市的发展以及行政管理的加强，使大部分城市建筑的设计由得到许可的建筑师及工程师承担，这种做法也扩大到许多农村；

　　（2）人们生活越加走向社会化，各种社会交往的增多缩短了人际距离，从而不断产生新的群体心理反应，这就促使建筑师更多地转向各种人文学科，以寻求更好的社会效益；

（3）文化教育事业的发展，第三产业的增大，休闲时间的增加等，都促使社会情趣越加走向多样化，也促使建筑艺术走向多元化。其结果是一方面建筑师努力挖掘各种艺术情趣的社会文化背景，另一方面也产生了把一部分设计权返回人民群众的呼声，以上都使建筑的文化反映更加具有自觉性和主动性；

（4）原来处于无意识或潜意识的成分，正在被专业人员研究开发，并取得显著成果。当然，新的集体无（潜）意识仍将不断地产生及存在发展。

在这种情况下，建筑的文化价值（或可称为"文物性"）就取得了越来越重要的地位，并发展成为自觉的建筑设计与创作中的一个相对独立的层次。

以上"掩蔽物－产品－文物"这三个建筑功能层次，虽然是随着历史发展过程逐步形成和成熟的，但它们之间并不是取代性的，而是叠加性的。同时，每一层次本身的内容（安全－效益－文化内涵）也是在不断扩大和更新的。这种竖向的层级增生和横向的内容扩大，使"建筑"这一综合系统也不断地更新和发展。这也符合了西蒙所称的"层级结构的进化论"的概念。

从本节所述，可以得到以下结论：

（1）自古以来，建筑师们对建筑功能需要的基本认识大体上是一致的，只是随着历史的发展在侧重点上有所不同，而在认识的内容与深度上则不断更新；

（2）根据建筑功能的需要以及建筑发展的历史，可以把"建筑"这一复杂的层级系统分解为"掩蔽物－产品－文物"这三个功能层次，分别实现"安全－效益－文化内涵"这三个功能需要。

对于以上论点，有人可能认为这不过是舞文弄墨的"高谈阔论"，但对笔者来说，却是在经历了共和国几十年的变迁中取得的认识。这一自己也参与的过程其规模是宏伟的，其经验教训也是巨大的。就以住宅建筑来说：

在新中国成立初期，百废待兴，理所当然地把重点放在工业建设上，其他建筑要为之让路。人民群众为了实现工业化，愿意节衣缩食，愿意在生活上实行"低标准"。但是从主管部门来说，却因而产生了片面性。当时的计划经济，是学习苏联老大哥的，住宅被列为"非生产建筑"，也就是说是一种无可摆脱的经济负担，因而应当力求低标准。在这种指导思想下，我们的大量居住建筑片面压低造价：墙越来越薄，窗（框）越来越瘦，有的地方冬天内墙甚至出现结露，造成建筑物的"低标准、高消耗、高污染"，乃至我国的单位建筑能耗几倍于一些发达国家。更有甚者，就是建筑寿命的降低，所谓"百年大计"根本无法实现，笔者本人就因为所住的 30 年寿命的建筑成为"危旧"房屋而被强制搬迁。

改革开放以来，市场经济进入，住宅成为商品，它不再被视为"包袱"，而成为地方政府和投机商的摇钱树。于是大量国有土地被高价出售，大量高标准的住房被争抢建造，并且被投资商视为比股票、黄金更能赚钱的机会，于是各城市中高档房、别墅、"花园"等纷纷出现，并迅速售罄，造成了大量"空置房"（究竟有多少至今说不清楚），而大批真正需要住房的中低阶层居民却望"价"兴叹，造成了一种"高标准、高消耗、高污染"的新状态。

不论是把住宅当做"掩蔽物"，或是当做"产品－商品"，它们都属于"建筑物"（building），只有当承认建筑物存在"文化内涵"时，才成为"建筑"（architecture）。

住宅是不是"商品"？这是应当认真讨论研究的。据笔者的认识，居住建筑是为全社会服务的，它具有"商品"的性质（应当严格地进行效益分析）但又不完全是商品，不能完全由市场进行调节，更不能作为投资（投机）对象，随意挥霍国家珍贵资源，而是要从建筑的经济、社会、环境效益全面分析作出决策，也就是说，必须考虑其文化内涵。

住宅建筑从一个极端走向另一极端，从而引起的社会矛盾促使政府采取新的对策。面对日益加剧的社会不公，政府决定大量建设保障房和经济适用房。这一决定从现实和出发点看是好的，但是它忽视（或无法正视）了建筑的第三层次：文化的要求。也就是说，只把住宅当做"建筑物"（building），而没有当做"建筑"（architecture）。

在建筑的文化内涵中，有人把建筑文化仅仅看成它的艺术形象及其文化含义，这当然是重要的，但不是建筑文化的全部。笔者理解，社会文化涉及社会的生活模式和人际关系。保障性住房固然能在一定程度上缓解住宅不足和价格偏离的社会问题，但是它在居住模式上造成了社会阶层的地理分隔，其后果将是深远和严重的。

笔者在阿根廷由友人带领去参观过一所新建不久的住宅区，这是一所曾经被建筑师和媒体赞扬为典范的低造价社区。其结果却是触目惊心，墙上到处是涂鸦式的漫画和标语，公共设施遭到糟蹋，路边站满了游手好闲的年轻人，一看就属于"愤怒的一代"。在他们敌对的注目下，我们迅速逃离了现场。从文献看，这种现象几乎世界到处都有，最突出的例子是美国1972年发生的普路特－伊戈住宅区（曾获奖）因破坏严重整个地被当局炸毁的事例，有人因此而宣布"现代建筑的死亡"。

笔者也带了这个问题在到过的国家进行讨教，见到过三种情况：

一是法国在19世纪初在巴黎旧城改造中建造的奥斯曼式公寓住宅。在这里，原来的由贵族富家拥有的5层公寓中，2层最高级，房主居住；3-4层可给家属或出租给中等阶层家庭；5层供仆人住；现在，人们按租金的不同分别由各阶层的住户所租用（包括原来的仆人住房）。当然，这里居住的主要是富有和中等阶层，但仍然是一种位于市中心的混合居住场所。

二是在美国首都华盛顿邻近的小型花园城市哥伦比亚。这是由美国开发商 J·W·拉乌斯规划并在 1965 年开始建造的一座 10 万人口新城。它由 6（9）个镇和 24 个（27 个）邻里组成，吸引了 2500 家企业（100 万平方米写字楼和商业设施），提供就业机会 5 万个，24 所学校，4 家大学分校，一个社区大学，5000 英亩绿地，40 英里人行道路。居民是混合型的；有白人、黑人、亚裔等，混合婚姻率在全国居前列。建成后的税收已超过公共设施的投资。由于综合开发，医疗和教育设施都比零星开发优越。拉乌斯本人还因此获得美国总统的特别奖。笔者在这里居住过若干天，看到的是大片绿地和优美的水面，散布在绿地上有独立别墅，也有集合公寓，更多的是三层高的多户住宅。中央地区有大中型商场、餐厅、书店、图书馆、电影院等公共设施，生活甚为方便；也有不少企业的办公楼，不仅解决居民就地就业，甚至还有城外的居民来此就业。公共交通也很方便，去华盛顿市中心只需 1 小时可到。

这里虽说是"混合居住"，但贫富两端的是不会来的，主要还是供中间阶层，但是混合面仍然比美国其他城市要高。

（有意思的是：国内有家建筑刊物来函向笔者约稿，笔者就此写了一篇介绍混合居住的报道：《一个城市的诞生》，却不见采用，大约以为太"脱离实际"吧。）

三是新加坡。笔者去过两次，逗留时间不长，友人带去参观了它第一代到第三代的公建住宅以及一些私人住宅。笔者十分钦佩新加坡在解决住宅问题上的成绩，认为比香港搞得好（香港一些穷人住房简直惊人可怕）。这当然不是单纯依靠建房，与整个社会的分配政策也有关系。事实上，如果社会上穷富差别过大，光靠修造住宅也不能解决问题。香港即是一例。

近年来，我国一些住宅设计专家（赵冠谦、开彦等）频频撰写文章提倡我国多建造混合住宅区，不见反应，可能是认为太"乌托邦"了。

笔者很担忧：建筑如果只考虑物质因素，背离文化发展方向，其后果将是怎样？杜甫梦想的"千万间"住房，即使都是"风雨不动安如山"的"建筑物"（building），如果不符合社会公正和谐的原则，恐怕仍然达不到诗人的理想王国。

[本书不可能详细讨论我国的住宅政策，但既然已经提及，不妨简单表明一下笔者的态度。笔者认为，首先从理论上要肯定住宅不是纯粹商品，国家要进行适当干预。国家的职责是：根据国民经济发展水平，确定普通住宅的标准，然后作为微利产品允许开发商进入市场。国家（包括地方政府）可制定高、中、低住宅的法定比例，由开发商竞争经营，由国家按经济规律提供土地，但必须是混合开发，开发商因微利而得到国家一定的资助。坚决杜绝把住宅作为投机商品而牟取暴利的行径，要收取暴利税。只要政府不把住宅建设当作"摇钱树"，这是完全可以做到的]。

第二节　建筑设计的独特性

1986年，当时的城乡建设环境保护部委任许溶烈总工程师主持制定《建筑业技术政策》*，笔者分工负责"建筑设计"一章。与若干专家共同研究后，我们对"建筑设计"（architectural design）定义如下：

建筑设计是科学（包括自然与人文科学）与艺术、逻辑思维与形象思维相结合的多学科创造性劳动。

这段定义指出了建筑设计与其他创作劳动的区别。

首先，建筑设计涉及的领域几乎是全方位的，包括自然科学（力学、

---

　*　城乡建设环境保护部：《建筑技术政策》.北京：中国建筑工业出版社，1986年。

水力学、电学、光学、声学、化学、数学及各种应用科学）、人文科学（心理学、社会学、历史学、人类学、经济学等）以及美学，很少有其他类型的劳动能与它相比。

其次，建筑设计涉及的思维方法又是全面的，包括了逻辑思维（运筹分析、综合、推理、演绎等各种逻辑方法）与形象思维（运用体验、经验及灵感等直接对感觉信息的处理）两大方面，从而区别于以逻辑思维为主的工程设计以及以形象思维为主的艺术创作。

再者，建筑设计是一种既属个人又属集体（多学科配合）的创造性劳动，它既区别于成批生产的工业产品而具有个性，又区别于艺术作品而具有共性。

20多年过去了，笔者对以上的定义仍然感到满意，因为它是从笔者在几个建筑设计院的工作中取得的体会。笔者进入上海华东设计院的头两年在土木设计室做具体设计，担任了机场、桥梁等工程设计，属于自己所学的土木工程，与建筑师很少打交道。从第三年开始，院里把笔者调到工厂设计室当主管生产计划的副主任，开始与建筑师打交道，但那时建筑师在工厂设计中的作用，主要是"穿衣戴帽"，结构师当主角。后来到北京在建工部设计总局工作，接触了北京院的一些建筑老总，开始对建筑师的地位和作用有了不同看法。再后调到西北设计院，从室主任到主管生产的副院长，笔者进一步了解到一个设计团队中各专业工种的不同作用和工作特点。特别是在援外工程中，一个综合团队在国外考察，要拿出初步方案，那时就主要依靠建筑师，就像一个交响乐团需要一名指挥一样。通过这一段实践，笔者开始理解到"建筑物"（building）设计与"建筑"（architecture）设计的区别，开始理解到后者存在的几个结合：科学与艺术的结合、逻辑思维与形象思维的结合以及建筑师个人创造与设计团队集体的结合。我们的政策、管理如果不承认这几个结合，就会出现偏差（注：有的专家指出这三个结合中没有强调钱学森先生提出的创造思维。笔者完全承认创造思维的重要性，但这是所有设计专业都必须具备的，不是建筑学专业所独有）。

在这一认识基础上，笔者开始体会到它对制定和执行政策的重要性：特别是看到戴念慈先生如何为保持建筑师职称的努力（他坚持建筑师不能作为工程师的一个分支）；看到龚德顺如何为恢复"文化大革命"中被取缔的"建筑创作"（当时只准提"建筑设计"）的努力；也回忆起"文化大革命"前有的设计院强调"集体创作"，批判建筑师"成名成家"的"个人主义思想"的错误，以及有些领导急于"统一思想"、"统一建筑风格"、批判"复古主义"、"形式主义"，把学术和创作思想问题引入政治领域所带来的危害。

此外，从方法学的角度，笔者从西蒙的《人工科学》中，体会到设计是一个"解题过程"，而解题方法取决于"问题类型"。他对"问题类型"和"解题方法"的叙述可以归结于下表：

"问题类型"及解题方法表

问题类型	常用解题方法	例子
确定性问题	1. 计算型方法 （1）决定性过程 （deterministic process）	$1+1=2$
非确定性问题或不甚明确的问题 1. 意性问题 （random problem） 2. 模糊性问题 （fuzzy problem）	（2）随机性过程 （stochastic process） （3）模糊逻辑过程 （fuzzy logic process）	概率法 $E(X)=\sum_{i=1}^{n}x_iP(x_i)$ 高低美丑 $E(X)=\sum_{i=1}^{n}x_iP(x_i)$
开放终端或"狡猾性"问题	2. 诱导型方法	建筑方案构思

按"问题类型"，一般工程设计（结构、暖通、电气等）可以视为"确定性问题"或"类确定性问题"（即可以通过概率法把一些"模糊"问题演变为"确定性问题"），用"计算型方法"求解以及优化解。但是建筑

设计（architectural design）却不然，它可以说属于"狡猾性问题"，这是因为：

1）它往往属于多目标或多准则的问题。例如，我们在下节（建筑的几个基本范畴）可见，建筑学要解决的问题（范畴）可以达到 10 项以上，不同的人会选择不同的范畴、目的或准则；

2）在同一范畴、目的或准则下，可以有不同的解题答案或优化解。我们经常在设计方案竞赛中可以看到对同一任务书可以有多个设计方案，各有千秋。

在这种"问题类型"面前，适用于确定性问题的方法就不适用了。对这类问题，我们通常采用的不是硬性的"计算型方法"，而是柔性的"诱导型方法"（heurististic method），较普及的说法，是"试错法"（trial and error），即构思——评价——调整的方法，在数字化的今天，也可借助电脑用"参数设计法"生成解题答案，再由人脑不断调整。无论如何，我们不能用"建筑物"（building）设计的方法硬套在"建筑"设计（architecture design）上。

通过这段经历，笔者体会到对建筑设计，不论从实践或管理角度，都必须首先承认其独特性，否则就不免产生消极的后果。

第三节　建筑的几个基本范畴

这里所举的"范畴"这个概念，来自王贵祥教授精心翻译的《建筑理论》（上、下）（美国戴维·史密斯·卡彭著，1999 年，中国建筑工业出版社，2007 年）一书，吴良镛先生为中文版写了长序，对书中提出的建筑理论的三个基本范畴和三个派生范畴作了肯定。

三个基本范畴是：

形式：形式的公正性

功能：功能的有效性

意义：意义的诚实性

三个派生范畴是：

结构：结构义务

文脉：尊重文脉

意志：精神动机

原作者指出："当然，所有的要素都要加以考虑。然而，同时要将一个或更多的方面突显出来，以赋予建筑物以个性……"

这六个范畴中没有提到"经济"，吴先生认为可以纳入"功能"中（同样："安全"似可纳入"结构"；"环境"似可纳入"文脉"）。

笔者作为一名"槛外人"，对这六个范畴（以及维特鲁威的"坚固、方便、悦目"和我国的"适用、经济、美观"）都没有异议。事实上，真要把所有设计中应当重视的范畴和原理都考虑进去，那恐怕十项都不止。与其包罗万象，给建筑师定下种种条规，不如对这些范畴和原理确定比较明确的定义和解释，然后由建筑师根据项目的特点确定重点，以"突显建筑物的个性"。

笔者当然没有水平对以上这些范畴分别给予定义，对此进行解释和分析的著作已经十分浩瀚，更不容置喙。笔者只是从自己的经历中感到在中国的条件下，对"形式"和"经济"两个范畴，有些观点需要澄清。

一、形式问题

新中国成立以来，有两顶帽子压在中国建筑师头上，一是"复古主义"，二是"形式主义"。历次思想批判，这两顶帽子都要拿出来。其中"复古主义"比较好说，只要你的设计中用了一些"古"物（大屋顶也好，小装饰也好）都一概称为"复古"；但"形式主义"则谁也说不清，结果凡是建筑形体不很方正、外观有些"招摇"的，都算是"形式主义"。近年来，旅游业的发展，有些古文物受到重视（但拆毁之风依然不息），"假古董"也不断泛滥,"复古主义"的帽子似乎没人用了。但"形式主义"却不同,虽然,直接使用这顶帽子已经不多,但"形式"这个概念总是令人忌讳。现在较多见到的,是对"片面追求形式"之类的批评。奇怪的是,人们一方面批评"千城一面,千楼一式",一面又告诫建筑师不要"片面追求形式"。又奇怪的是,当中国建筑师被频频告诫不要"片面追求形式"之际,外国建筑师的方案却不断因"形式新颖"而被选中,有的"畸形"作品还被评入"十大建筑"之列。

笔者认为应当在理论上澄清这个问题,彻底肃清批判"复古主义"和"形式主义"的流毒,给"复古"和"形式"以应有的认识。对形式问题,笔者的观点是:

1.建筑师的基本任务就是赋予设计项目以适当的形式

建筑的功能是任务书中确定的,经济是主管部门限定的,用什么样的形式来包容这些功能需要,并且达到经济上的限定,就是建筑师所肩负的任务。没有形式,又何来功能?何来经济?所以,赋予形式,是建筑师的基本任务,别人无法替代,也无法剥夺。

2.形式与功能是互相依托的,但又各有其独立性,不存在"一对一"的关系

沙里文的"形式追随功能",是当时崛起的功能主义的一种表现,有一定的积极性,但不能绝对化。事实上,同一形式可以容纳不同的功能(例如火车站可以改造为博物馆),而同一功能又可以有不同的形式(从同一项目的设计竞赛中的多方案可见)。

3.形式除满足功能、安全、经济等要求之外,又有其自身的美学价值

人的爱美是其天性,即使禁欲主义者也无法否定。建筑物的美观是独立的创作后果,与其他因素(功能、经济)有关,但不从属于它们。"白毛女"再穷,也要戴上一朵红花。说"可能条件下照顾美观",主要是防止建筑师做得"过头",出发点无可非议,但从逻辑上来说则存在冗余性。

从哲学观念来说，我们有一个时期，对某些术语的认识带有偏颇：如对机械唯物论和形而上学，贬义过头，对"形式"也是如此，总好像"形式"就意味着"僵硬"、"固定"、"多余"、"花俏"等意思。"形式主义"本来只是一种艺术手法（美国的现代派建筑师理查德·迈耶以"白派"著称，一些评论家因他的设计总用白色并暴露结构而称他是"形式主义"，其实并没有包含多少贬义），在我们这里却被"拔高"为一种政治错误。这是应当澄清的。

在卡彭的基本范畴中，把"形式"放在第一位，笔者是很赞同的，因为它本来就是建筑师的首要任务。在新中国成立初期，我们建造了许多单层工业厂房，其形体被结构所决定，建筑师的任务似乎只是"穿衣戴帽，配几个生活间"，追求形式就变成多余。"形式"一词，也越来越变为贬词，乃至于成为"禁区"。

古希腊的哲学家柏拉图认为：形式是事物的本质。他的观点尽管后人有各种解释和异议，但是"形式"一词始终带有崇高的含义。中国的美术家总是把"形"与"神"结合起来，"神"就是本质，"形"要表达这种本质。

英国作家 G·斯科特在《人文主义建筑学》一书中把巴洛克建筑风格阐释为"空间、体量、线条和一致性"。笔者认为这是对建筑形式最好的描述。它不限于巴洛克，所有建筑都需要解决这四个问题，这就是建筑师应当追求的"形式"。

芬兰现代主义建筑师阿尔托在设计构思前，总是先把项目所处的自然和人文环境吃透，掌握设计任务书的要求和限制，然后把这些都"置之脑后"，冥思苦想，最后产生设计方案。我们可以说他是刻意追求形式。

美国现代主义建筑师路易斯·康总是要问："建筑物想成为什么？"在他看来，建筑物似乎有一种自身的欲望，而建筑师的职责就是体现这种潜在的欲望，给建筑赋予形式。

4. 批评"片面追求形式"使人无所适从，导致无所作为

因为很难确定怎样算是"片面"。有人可能认为现在国外流行的"畸形建筑"（也已传到国内）就是"片面追求"的表现（对"畸形建筑"，在后面一节要进一步讨论）。但老实说，现在中国真正出现的少数"畸形建筑"主要是洋人的作品，它是国人流于平庸，无所作为，满足于"千篇一律"的后果。我们应当提倡的是建筑师刻意追求创造为人民所"喜闻乐见"、经济实用的建筑形式。

二、经济问题

正如笔者在前言中所述，我们长期以来，把"经济"理解为单纯的"节约造价"（有时加上节约土地），不重视建成后的经常消耗（特别是能源消耗），乃至我们的大量建筑（特别是居住建筑）片面压低造价：墙越来越薄，窗（框）越来越瘦，有的地方冬天内墙甚至出现结露，造成建筑物的"低标准、高消耗、高污染"，乃至我国的单位建筑能耗几倍于一些发达国家。更有甚者，就是建筑寿命的降低，所谓"百年大计"根本无法实现，笔者本人就因为所住的 30 年寿命的建筑被作为"危旧"房屋而被强制搬迁。应当肯定：在新中国成立初期，人们为了实现工业化，愿意节衣缩食，愿意在生活上实行"低标准"，但是从本人曾经工作过的政府主管部门来说，当时并没有节约能源的思想（过去总说，"中国地大物博，资源丰富，取之不尽、用之不竭"），更没有 30 年寿命或过一定时期更新改造的准备。当笔者在 20 世纪 80 年代和一些专家开始研究建筑节能问题时，有一位经济专家甚至在全国刊物上发表文章反对"全寿命费用"的思想，认为是"不符合我国国情"。

最近北京遭遇 60 年一遇的强暴雨，全市多处地方积水难退，正反映了我们在"节约"上的片面性。100 多年前法国的奥斯曼在巴黎进行旧城改造时，就首先修造了 131 公里长的城市供水管道和 172 公里长的下水道系统（见张钦楠：《百年功罪谁论说——评奥斯曼对巴黎的旧城改

造》,《读书》,2009.7.)。这个下水道系统是横布全城、深在地下的隧道结构系统,我们在电影《悲惨世界》中可看到。它一劳永逸地解决了巴黎的排水问题,而北京据说现在连一张完整的地下管道图都没有。

值得注意的是,在我国经济有所好转之后,忽然出现了一股追求豪华之风,于是许多建筑又成为"高标准,高消耗,高污染"。这与我们的体制有关,许多开发商只热衷于建高档房,建完后迅速卖给暴发户作为投资,买卖双方都根本不关心建筑是否节能,也不负任何节能的责任。能耗大由物业公司承担,每年采暖费不管房子是否节能都是一个标准。即使实现了按表取费,也只能由用户承担,与开发商无关。在这种体制下要实行节能,只能依靠一些行政措施,而没有经济驱动力。

在经受以上所述的惨痛教训后,我们理应总结经验,扩大和改善我们的经济观念。现在提出的绿色建筑和四大节约(土地、能源、造价、材料)显然比以前完善很多,但是在理论和体制上,仍显不足,需要我们吸取国内外的经验,予以扩充。

笔者认为:我们的建筑经济理论,至少可以从过去的片面提倡"节约造价",扩大到两个新概念:一是"效益",二是"价值"。

1. 效益

建筑效益涉及面很广:除经济效益外,还有社会效益、环境效益和资源效益。其基本概念就是寻求:收益/消耗比为最大。理论界在这些方面经过多年的探讨和实践,已经制定了一系列经济效益的计算方法,其中最重要的是:(1)全寿命费用分析。从国外经验,一栋建筑物投入使用后的经常消耗(能源、维修、管理等)往往要比一次投资高几倍;(2)时间因素。也即在核算全寿命的收益和消耗时,要计入时间因素;(3)区别市场和影子价格。至于社会效益、环境效益和资源效益根据的仍然是"收益/消耗比为最大"的原理,只是需要根据本国条件,把收益和消耗列出相关具体指标,并尽可能将其量化为货币值(可参见鄙作《建筑设计方法学》)。

2. 价值

这里所说的"价值"，不同于李嘉图——马克思经典政治经济学中把"价值"定义为注入产品的"劳动量"；而更接近于我们日常生活中所理解的"价值"观念，也就是我们常说的"某物的含金量"。它起源于美国通用电器公司，称为"价值工程学"，后来被美国军方采用于军工产品开发，对保证第二次世界大战胜利和战后维持军事优势起了重要的作用。我国也有一些工业部门采用过。

价值工程学简单地说就是对产品的功能进行分析，选取一些关键的功能集中"攻关"，争取以最低的成本代价取得最佳的效果。它的公式是：

$$价值 = 功能 / 成本$$

也就是说：功能越大、成本越低，价值也越高，在原理上，它与上述的效益分析是一致的，就是不能光把产品一次投入的节约当做"经济"，而必须把收益（价值）和成本（全寿命的）对比后作出抉择。

迄今为止，笔者还没有见到用价值工程学的方法用于建筑设计的实例，但是笔者认为"价值"这个观念可以用于对建筑方案的定性的分析比较。例如，以"适用、经济、美观"为原则来评判设计，可以参照公式：

$$价值 = （适用 + 美观） / 经济成本（全寿命）$$

来评判。实际上，很多人已经非自觉地采用这种思路来判断一个设计的好坏。

总之，笔者认为，与其苦苦推敲用哪些范畴来制约建筑师的创作，不妨先搞清楚这些范畴的意义，由建筑师根据项目的特点来决定应当体现的范畴。

第四节　阅读城市的基本方法：标志与母体

在本节和下节中，笔者将尝试从另一个角度来考察建筑，也就是作为一个"槛外人"来"阅读"城市与建筑。

对笔者来说，阅读城市和阅读建筑是平生两大乐事，因为它们使本人懂得人生，懂得人类文化是如何产生和发展的。

笔者喜欢用"阅读"二字，它使本人感到与阅读书本一样，可以顺序地读，也可以"跳跃"地读；可以全本读，也可以选段读。这时，自己似乎占有了这本书，但仍然还是个"槛外人"，要真正理解一本好书，还得下工夫。请看《红楼梦》，为它憔悴的人有多少？

在拙作《阅读城市》*一书中，笔者有一段话：

> 城市也确实像一本书。一栋栋建筑是"字"，一条条街道是"句"，街坊是"章节"，公园是"插画"。透过它们，阅读者见到了"人"……

书中描述了笔者阅读国外 15 个城市的体会，并且归纳了自己阅读城市的三种主要方法（都取自国外专家），即：

——美国凯文·林奇的"认知图"法：人们可以根据自己的记忆为城市画一张简图，其中包括城市的自然环境（山水）、主要道路布局以及若干标志性建筑的位置。它的意义在于捕捉我们对城市的"第一印象"，而我们的"第一印象"往往蕴涵了这个城市的本质；

——美国柯林·罗的"图－底"法：用黑色画出城市中建筑物的外部轮廓，其他（白色）是室外的空间。它的意义在于提供我们这个城市中建筑布局所含有的信息量；

——意大利阿尔多·罗西提出的"标志－母体"说：他认为一个城市的建筑可分为两大类，少数"鹤立鸡群"的标志建筑（或称"地标"）以及林林总总的普通建筑[他称之为"母体"（matrix）]。在他看来，了解这两类建筑的特征，就掌握了这个城市的特征。

---

* 《阅读城市》，张钦楠著，北京：读书·生活·新知三联书店，2004年。纳入《中国文库》。韩文本，2012年。

"matrix" 一词，字典上的翻译有：矩阵、子宫、母体等，笔者喜欢用"母体"，因为一个城市中林林总总的普通建筑实际上是这个城市的建筑文化的"母亲"，好的标志建筑由它而生，又反过来影响它、改进它。城市的发展就是标志和母体的互动过程。现在有人热衷于拆除"母体"，来建造他们心目中的"现代化"，实际上是"杀母养子"。

笔者在阅读城市中，特别着重于辨认它们的母体与突出的标志，并探索其互动性，从而取得很多新鲜的知识。以下以巴黎、上海、北京为例：

一、巴黎

巴黎是笔者最喜欢的城市之一。它既美丽，又富于逻辑性。它拥有一种奇异的力量，既能保护它的传统，又能容纳各种创新，所以笔者称它为"宰相肚里能撑船"，把它归类于"单源泉下的多样化"。它的力量源泉是笛卡儿的哲学，在17世纪由卢梭－伏尔泰发扬，成为法国大革命的思想基础，也是法国理性主义（和新古典主义）的基础。从法王路易十四创办法兰西建筑学院（后改为法国美术学院）以来，就以理性主义－新古典主义培育了本国的建筑师。因而当意大利兴起的巴洛克风格传入法国时，就遇到法国古典主义的折射。法国巴洛克的两大典型标志：卢浮宫东翼和凡尔赛宫都是法国建筑师的作品。意大利的巴洛克大师伯尔尼尼的曲线方案被法国建筑师的直线方案所战胜，法国式的孟莎屋顶战胜了意大利文艺复兴的标志——穹顶。当奥斯曼大刀阔斧地改造巴黎旧城，用巴洛克手法修建林荫大道时，他一方面小心翼翼地保护了巴黎的众多旧标志建筑（还在其边上修建广场以突出其影响），另一方面在大道两侧修建"奥斯曼式公寓"（新的"母体"），并以法兰西美术学院布隆代尔教授的新古典主义标准方案为蓝本，在众多开发商和建筑师的集体努力下，形成了巴黎新景观的"母体"。100多年来，这个"母体"得到细心的保护（政府规定，公寓的"立面"属于国家，私人可以变动室内设计，但不能变动外立面），保护了巴黎的旧城风貌。法国大作家雨果赞扬旧城改造后的巴黎："在显见的巴黎下面可以看到古老的巴黎，就像在新的字里行间可以看到老的文本"；而近代美国建筑史家苏特克里夫在评论奥斯曼式公寓"同中有异，重复而不枯燥"时写道："这是法国当时建筑师在共同理念下的集体创作，致使巴黎的建筑在标准化的前提下各有特征。"所以能做到这样，是因为当时在巴黎，政界（法皇拿破仑三世和奥斯曼）、学界（法兰西美院的布隆代尔教授）、业界（众多法国建筑师）以及商界（开发商）都有着"共同理念"，达到空前的一致。大批奥斯曼公寓的修建和保护，使以后的建筑师可以在一些标志建筑（从埃菲尔铁塔到蓬皮杜中心）上大胆创新，而它们反过来促使其后的新"母体"建筑也不断更新（如建筑师格鲁姆巴所为），形成了一个良性循环。

二、上海

上海是笔者出生和成长的城市。笔者把它称为"多源泉下的多样化"。初一看来，人们可以把外滩的银行群视为上海的"标志"，而把林林总总的石库门－里弄视为"母体"，却看不到其间的联系。这是因

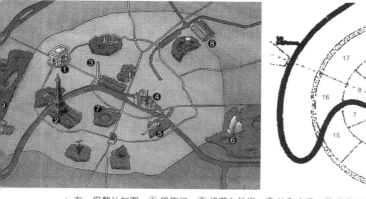
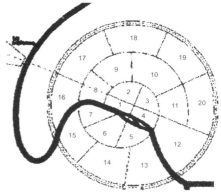

a. 左：巴黎认知图：①凯旋门；②埃菲尔铁塔；③协和广场；④巴黎圣母院；⑤植物园；⑥万塞纳
园林；⑦卢森堡宫；⑧东车站；⑨布洛涅森林；⑩德芳斯大门

右：巴黎市区划分图

图 1-1 巴黎的标志与母体（一）

b. 巴黎新标志：蓬皮杜中心　　　　　　　　　c. 巴黎"母体"建筑：奥斯曼式公寓

图 1-1　巴黎的标志与母体（二）

为上海的发展不像巴黎那样的"单源泉"，而是"多源泉"的。如果用极其"简单化"的语言，可以说有两个旧上海：洋人的和华人的。以标志性建筑而言，外滩的银行大楼和南京路中段的跑马厅和国际饭店是洋人建筑的"标志"，其"母体"则集中在当时"法租界"的花园洋房（突出的如马勒住宅），它们可以说是一种典型的"殖民"文化；而华人世界的"标志"则是从南市（豫园－城隍庙）延伸出来的，西藏中路八仙桥的青年会、大世界和四大公司等，"母体"是大量的石库门－里弄建筑，它们构成了我们所熟知而又难以确切定义的"海派"文化。这两个旧上海相对独立存在又相互交融。我们细细品味，就可以发现两个旧上海的各自发展轨迹和相互影响。今天，上海又增添了浦东陆家嘴的新"标志"，更增强了它的多样性，而在这种开放的多样性中，新的"海派"文化必然会出现。

三、北京

北京的情况又不同，笔者把它称为"单源泉下的单一化"。它的源泉就是中国明清时代的京都，它凝聚了梁思成教授所说的"羁直"性。这里美丽、平稳但又保守、野蛮。它的"标志"是故宫、天坛、长城和圆明园废墟；它的"母体"是胡同－四合院。新中国成立后，它经历了曲折的"现代化"过程，但始终没有找到自己的"定位"，于是左右摇摆。奥斯曼时期政、学、业、商四界的统一在北京也始终不存在。最惨的是学界，在新中国成立后不久梁公就被戴上"资产阶级"帽子而被剥夺了发言权；商界在计划经济下荡然无存；业界在"复古主义"和"形式主义"的大帽子压力下也只能兢兢业业地操作（不准提"创作"）。于是只有政界有发言权和决策权，而他们又不断地摇摆：一会儿要"烟囱林立"、一会儿要当"革命"中心，一会儿又要当商务或金融中心……唯一出现转机的是新中国成立十年建造"十大建筑"的年代，政治帽子稍稍收起，建筑"帽子"稍稍放开，结果就取得了罕有的空前辉煌，但其后几"界"的分离又变本加厉。改革开放以后，在"现代化"的口号下，旧"母体"不断遭到破坏，新"母

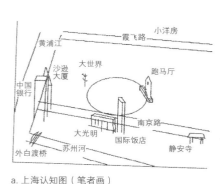

a. 上海认知图（笔者画）

b. "海派"标志建筑：上海青年会（赵深设计）

图 1-2　上海的标志与母体（一）

c. "海派"母体建筑：里弄 – 石库门　　　d. "洋派"标志建筑：上海跑马厅

e. "洋派"母体建筑："法租界"小洋房

图 1-2　上海的标志与母体（二）

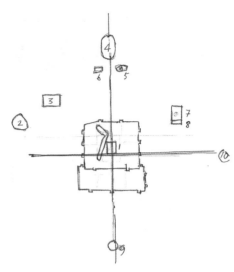

a. 北京认知图（笔者画）

① 紫禁城；

② 颐和园；

③ 大学区；

④ 奥运公园；

⑤ "鸟巢"；

⑥ 水立方；

⑦ 朝阳公园；

⑧ 豪宅区；

⑨ 北京南站；

⑩ 长安街

b. 北京旧标志建筑：民族文化宫（张镈设计）

c. 北京新标志建筑："鸟巢"〔赫尔佐格和德梅隆设计（Herzog & de Meuron）〕

图 1-3　北京的标志与母体（一）

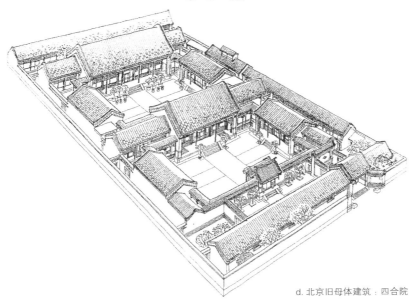

d. 北京旧母体建筑：四合院

e. 北京新母体建筑：菊儿胡同（吴良镛设计）

图 1-3　北京的标志与母体（二）

体"又出不来。吴良镛教授设计的菊儿胡同，在国内和国际舆论受到广泛赞扬，却被本地的商界否定，政界冷落；而商界能拿出的货色只是一些"罗马花园"、"威尼斯别墅"之类的"豪宅"，以及代替原有"母体"的到处出现的千篇一律的高楼大厦。在"标志"方面，外国建筑师长驱直入，用昂贵的钛合金修造无用的大剧院外壳，用 11 万吨钢材修建赛后不用的"鸟巢"。笔者在北京居住、工作了几十年，也没有见到一位政界人士找学、商、业界坐下来讨论一下"北京往何处去？"待到有这一天来临，旧的北京"母体"恐怕已经无声无息地与世长辞了。

通过对若干城市的阅读，笔者体会到：

1）一个城市的"标志"和"母体"建筑，是显示它文化特征的最佳载体。

2）一个城市的"母体"建筑蕴涵了该城市的"地域精神"（genius loci，笔者倾向于译为"地域精灵"）。例如上海的石库门—里弄的大量出现是开发商为了适应在民国军阀混战时期，许多中产以上阶层为逃避战难，纷纷迁入租界的居住需要而建造的，它讲究的是"实惠"，也就是所谓"海派"精神。因此，"母体"建筑更多的是社会集体的无意识创造。

3）"标志"建筑一般是建筑师个人有意识的创作，杰出的建筑师往往能够捕捉住时代灵魂和地域精神，从"母体"中吸取对地域精神的理解，而设计出卓越的"标志"建筑（例如赵深先生在上海青年会设计中就杰出地体现了"海派"建筑的精神实质），而有的建筑师自以为是，虽然能招摇一时，却终究会被时代抛弃。

4）在某一时期，在时代的呼唤下，经过政界、学界、业界和商界的协同努力，可以创造出优秀的、符合时代和地域需要的"标志"和"母体"建筑，例如在 19 世纪巴黎的旧城改造以及新中国十年大庆时期中。但这种例子是不多的，更多的时期，优秀作品的产生，依靠社会对创作精神的鼓励，而不是由主政者的横加干涉所能奏效。

第五节 阅读建筑的基本方法：现象学方法

阅读建筑与阅读城市不同。城市是很多人在很多世纪中的集体创造，要理解它，除了感性知识外，更多地需要取得一定的理性知识（特别是历史知识）。而建筑则是建筑师在某一特定的历史时期的个人创造，要理解它当然需要知道它的一些历史背景，但更多的是依靠感性体验，就像阅读一首诗歌或欣赏一幅绘画一样，因此要借助于现象学的方法。

在拙作《建筑设计方法学》中，笔者写道：

20世纪以来，欧美哲学家中出现了两个学派，其学说对方法学的发生和发展有较重要的影响。这就是以 E·胡塞尔（E. Husserl）为代表的现象学（phenomenology）派与以 K·波普（K. Popper）为代表的实证（positivism）派。

实证派主张对客观事物从实际的经验感觉及预定的理论原则进行定性及定量的分析解剖，以便能科学地解释事物，找出其因果关系，并做出必要的预测。

现象学派主张对现象作总体的、非定量的阐释，撇开各种预定原则及常规观念，承认世界的模糊性及非确定性，以便能够理解事物，找出其意义（meaning），并对预测的可能性持怀疑态度。

在建筑学中，实证派的代表是功能——结构主义者（functionalist structuralist）；而现象学派的代表则是环境心理学家，著名的有挪威的 C·诺伯格—舒尔茨（C. Norberg-Schulz），他有众多的著作，阐释西方建筑的"意义"，并提出体现"地方精神"（genius-loci）等主张，在当代建筑界甚有影响，对建筑教学方法也起了深刻的作用。

如同上述，不少人（包括笔者）认为这两种方法是可以并行的、相辅相成的。正如光的两重性一样，我们在认识、体验和创作建筑时，也可以运用双重准则与方法，达到更完好的效果。

举例说，对居室的舒适度（comfort），实证派可以通过对室内物理参数（温度、湿度、空气洁净度、天然照度、人工照度等）的种种测定，建立各种计算方法及指标体系，来予以保证；但是现象学派则认为，真正的舒适度，要在特定条件的特定环境下，由特定的人在特定的心理状态下，整体地做出判断。这两种观点看来似乎是对立的，互相排斥的，但对建筑设计师来说，他可以一方面按照实证法的研究成果，掌握平均的、一般的舒适度指标，同时，又结合具体项目所处的环境以及所服务的对象，做出必要的调整，并在设计中充分考虑用户可以根据自己需要进行调整的可能。简单地否定任何一种方法，都只能给设计带来损害。

形象些地说：分析法是"冷"的，现象法是"热"（或"温"）的。科学地解剖一项设计，当然需要进行冷静的分析；但"普通老百姓"（"槛外人"）要认识、欣赏、评价、批评一栋建筑，就少不了"感情用事"，现象学方法不反对"感情用事"，反而认为十分自然。

现象学是一门深奥的哲学，笔者只知其皮毛。笔者的粗浅体会，用现象学去阅读一个建筑，意味着：

——以我（第一人称）为主，带主观因素，不强调客观，强调"目的性"；

——用各种感觉功能来体验建筑，包括视觉、听觉、触觉、回忆、联想、幻想、情感、期望、社会活动（包括语言活动）等；

——不仅观察建筑实物,还力图捕捉其意义(历史的、文化的)。例如,海德格尔就认为:"从广泛和基本的意义上看,'居住'这词就是人们在天地之间从生到死的旅行方式。"

以下举三个例子。

例一:是笔者时隔近半个世纪对尼泊尔的两次访问。

第一次是在 1963 年,当时的建筑工程部派笔者参加由外经部组织的综合考察团去尼泊尔商讨中国援助的建设项目。考察团 9 人,有水电、轻工、粮食、建筑等行业的专家(后来有交通专家参加),经过考察和协商,确定的项目主要是一条横跨全尼泊尔的东西公路、一座小型水电站、一座砖厂和小型办公与仓库建筑。在考察期间,笔者和两位来自湖南的水电专家结下了良好的友谊,在尼泊尔首都附近的巴克塔布尔广场有几百年历史的五层大庙的巨型雕塑前留了合影。此后就各奔东西。

没想到在 2011 年,笔者 80 岁"高寿"时,竟然有机会在去不丹旅游途中,再次来到尼泊尔。这次笔者到达中部的波塔拉风景区,而当年我国援助的水电站正建在这里。我们到达波塔拉已是晚上,在黑暗中尼泊尔的导游向笔者指出遥远一点光亮说:"这就是你们的水电站",我不禁想起当年的两位"战友"。时隔近 50 年,人已亡,"站"还在,不禁唏嘘感叹。回加德满都后,笔者再次来到那五层大庙的雕塑前,独自留下了自己的照片。再过几年,又有谁会知道我们的存在呢?然而,这次"跨时间"的旅行(运动)却向笔者揭示了"跨时"阅读建筑的美妙。

五层大庙静寂地站立在加德满都河谷中,几百年来人们来朝拜它、赞美它,而它也冷眼观察着匆匆来去的过客,也许它更喜欢那些徘徊在巨型雕塑身边的孩子们。他(她)们整天地蹲在雕塑面前,与它们对话,直至自己长大要外出谋生为止。然而,在大庙的生命期间,这些孩子仍然不过是瞬时的过客。笔者在这座静寂的大庙面前,在时隔半个多世纪的重逢中,读到了时间,读到了生死。

图 1-4　在加德满都五层大庙和雕塑前

例二：是同样时隔半个多世纪的上海外滩。

下面的两幅照片提供了鲜明的对比。左图是 1930 年代（"华人与狗不得入内"的时代），右图是 2010 年代的外滩。不用多说，你就能体会到"跨时"的变化。

笔者 1931 年出生在上海，目睹左图所显示的情景。1941 年笔者在

a.20 世纪 30 年代

b.21 世纪 10 年代（盛学文　摄）

图 1-5　上海外滩今昔

虹口就学，每天要步行路过外滩的外白渡桥。桥中央站立着一名刺刀出鞘的日本士兵，虎视眈眈地监视着来去的中国市民。笔者和其他路人一样，心中充满了对侵略者的仇恨。

1945 年抗战胜利，但不久就传来昆明师生惨遭杀害的消息。上海学生在玉佛寺集会，那天早上天气阴沉，会后举行了游行，沿路歌唱要求民主自由的歌曲。到达外滩时，笔者记得天空突然变晴，外滩显现在一片阳光下，显得宏伟优美（也就是这次游行，促使笔者父母决定早日把笔者送到美国去念书）。

1951 年笔者回国，全国已经解放，这时华东建筑工业部成立，总部就设在外滩和平饭店。笔者作为一名"三反"队员，有机会出入于这座破旧的大厦，充满了主人感。

以后笔者离开了上海，上海人也很快"开除"了本人的"市籍"。每当笔者在上海的商店里用上海话询问价格时，精明的店员就会用普通话回答，表示一下就看破了你的老底。

后来又听说外滩的建筑都整修一新，在阳光下显现一片新貌。听说这里有高级餐厅，情侣在此用高价可品尝一顿国际"美餐"。

笔者现在每次回到上海外滩，往事历历在目，特别值得注意的是对岸高楼群的崛起。在这里，阅读建筑所提供的时空感，显然与在加德满都河谷的五层大庙前不同。这里，建筑面貌的变化节奏似乎快于人的生命，乃至有一种应接不暇之感。

例三：北京中央电视台大楼

在北京引起很大争论的中央电视台新大楼（"非理性派"的盖里称赞它是北京最佳建筑），也可以说是一个"非理性"建筑，但是笔者却另有看法，认为它给人以"折戟沉沙"的感觉，是建筑师（荷兰的库哈斯）对当今世界很多大城市竞相建造高楼的热诚的一个讽刺。它在告诉人们，不论你建得多高，迟早得回到地面。这栋建筑，造在北京 CBD（中央商

图 1-6　北京中央电视台大楼

务区）的边缘，静静地冷观那股"高楼热"，期待有一天，当人们厌倦那些"欲与天公试比高"的热潮时，会回过来赞赏库哈斯的这个"非理性"作品？

阅读建筑有自己的法则和规律，不同于阅读城市，更不同于阅读书本、绘画和影视剧。它的特点是你总是生活在建筑之中或其周围，它们对你起了无可言喻的、潜移默化的作用。如何从被动感受到主动体验，是一个值得探讨的尝试。

第六节　中国古代的环境学——读"风水"的一些体会*

我曾祖父在北京去世后，祖父奉灵柩去杭州安葬。一位风水先生给看了块宝地，说用了后子孙多代均可发迹。但是在挖土过程中，发现下面已有一坟。祖父即命停工，另行择地。风水先生看了新地后大为不满，说此地后有笔架山，前有洗砚池，先生您这辈子是做不了大官，后代也都只能是些喝墨水的。祖父坚持别人的坟不能挖，于是选定新地。后来祖父当过国民政府的财政次长，官不算小，子孙倒正是喝墨水、当教师的多，风水先生的话好像对了一半。其实，祖父脱离官场时，如释重负，并且兴高采烈地投入"田砚笔耕"的生活。

如何评价我国独特的"风水学"甚有争论。在国内学术界，有人认为它是迷信，应当淘汰；有人认为它是遗产，应当分析对待，似乎是前者占上风。国外学者则好像对它肯定的多。民间（特别是南方），信风水的还不少，香港上层社会都视之为正规。

有一年在养脚伤时刻，先读《易经》，后看了些介绍风水的书。前者是作为哲学书来读的，后者则从生态学的角度来理解分析。虽然只

---

*　本文是笔者于2002年12月28日写的一篇读书笔记，没有发表过。有朋友看了，说有些参考价值，就附在本书中了，也算是"槛外人言"吧。

懂得些皮毛，但仍有些体会。我赞成把它作为祖国的宝贵文化遗产和传统看待。正如我们不能因为《易经》曾经是算命书就把它看成迷信一样，我们也不能因为有那些混饭吃的"风水先生"存在，就全盘否定风水学。只要是对社会有效用的学问，几乎都逃脱不了迷信的侵入，连马列主义也是如此。一有迷信成分就抛弃之，人类文化还能存在吗？

风水学在中国历史上作过重大贡献。全国的古城市，从周公相洛邑、萧何建长安城和未央宫到刘秉忠规划元大都、刘伯温策划南京城，几乎都离不开当时的风水学（或叫"堪舆"、"地理"等各种名称）。文献中介绍了风水大师对浙江温州、福建泉州、贵州贵阳等城市在选址和规划中的决策作用。至于大量民间乡村聚落的选点和规划，更是在风水理论的指导下进行的。许多村落布局的合理性及美学效果都令今人赞叹不已。从单项建筑来谈，北京的四合院、福建的民居大院等，也都渗透风水学的思想。说风水学是中国传统建筑学理论的重要组成部分，亦不为过。

对风水学的迷信批判中一个要点是它的"阴宅"理论。正如为我曾祖父择坟的风水先生所示，中国人习惯于认为祖先的坟对后世吉凶兴衰有重大影响。于是上自帝王，下至平民，无不在选陵择坟上求教于风水师。这当然是一种迷信，但是它本身不是一个起源。中国人对祖宗的崇拜胜过西方人对上帝，"厚葬"说也由此产生，而风水不过是体现这种思想的一个工具。这种工具为一种迷信思想服务，其本身也带有许多迷信成分，但是由于它成为一种谋生手段（在为皇族服务中弄得不好，还有杀身之灾），在用迷信骗人的同时，还多少要拿出点"真货色"。去掉迷信的成分（这个过程也不能太简单化），我们还是可以找到一些"合理的内核"，让它们在其他领域起作用。

中国历史上有不少文人学者对风水术从理论到实践做过批判，最突出的如汉代王充的《论衡》。这些文献也给我们对中国哲学和科学思想的发展增进了理解，对我们今天来分析风水学，剥除其迷信成分有很大帮助。

中国的"风水学"（这是本文中所用，实际上使用的名称五花八门）作为有理论体系和实践模式的学科，其起点大约在秦汉。有人形容它包括：堪舆、图宅和形法三个内容。当时的"堪舆学"主要是择日，也相当于后人为某一活动选择"黄道吉日"。按许慎在《说文解字》中的解释："堪"是天道，"舆"是地道。它根据天上的星辰来推断地上的活动，不能说没有根据。因为中国历来以农立国，靠天吃饭，一切大型活动（特别搞营造）应不违农时。图宅出自《图宅书》（已失传）。据说是以干支占居宅方位。王充在《论衡：即诘术篇》中批判了一种"五音相宅"。它把宅主的姓(姓有五声)与居宅相应的音(与十支对应的宫商角徵羽五音)进行对比，如音声相合即为凶，大约是其中的一种。形法可见之于《汉书：艺文志》中形法类的《宫宅地形》（二十卷，也失传），我们在下面要讨论。关于风水的运用，有人举萧何为刘邦建未央宫为例，其中采用了一种"厌胜"之术，就与风水相关。到了魏晋，占坟的风气兴盛，有郭璞、管辂等风水大师，并有传说是郭璞所著《葬经》等传世。这时，"风水"、"气"等术语正式出现，风水理论有了个飞跃。其后的隋唐使风水学进入成熟期，有《黄帝四序》、《五姓宅经》等。到宋、元、明、清就很少再有新发展，但我们现在能看到的一些讲风水术的书却主要属于这个时期，当然其中有不少是从前期传授下来的。风水师分为形势派（江西派，外人称为"form school"）和理气派（福建派，外人称为"compass school"）。前者以观察地形为主要方法，后者用罗盘综合阴阳八卦、天干地支、五行等来占宅地凶吉。今人在评论中往往对前者较为肯定，对后者则否定的多。这一时期内，皇室家族在宫城和陵墓建设中用风水术已成惯例，就像今日香港的银行家一样。

我们要评判风水学，首先应当看它的主导思想，而不是它的手段和工具。所谓主导思想，也就是它的目标和功能以及达到其目标和功能的指导原则。

简单地说，"风水学（术）"的目的和功能就是为人们寻找合宜的居住（或埋葬）场所。

答案也很简单，合宜的场所的基本条件是有"水"、有"风"。这就是在《葬经》（传为郭璞所著）中所说的：

风水之法，得水为先，藏风次之。

这是风水学的基本思想和指导原则，简单而明白。在今天，当我们醉心于"现代化"大发展的时候，却发现"水"才是我们最宝贵的资源。当中国的一些北方大城市到要对水进行配给的程度，到许多江南水乡因水污染而缺水时，当洞庭、鄱阳等湖因屯田而减少蓄水量，造成要几百万大军上堤保卫武汉三"镇"时，我们祖先所说的"得水为先"的原则才不能不使我们信服（也有至今不服还在污染水源的人）。同样，对列在第二位的"藏风"一词也很值得我们思考。"风"如何能"藏"？这里要求的是宅址的地形和宅本身的形态，既要能取得良好的通风又能保持其新鲜度（这里，水的作用就出现了，因为水能使风停留："界水而止"）。如果再联系现在的实际，许多大城市现在大气污染，人们以为室内有人工空调就舒服了，事实上，空调既是"以邻为壑"，又在很多场合下带来居者的不舒适，以致现在的一些"高技派"的建筑师在设计高楼大厦时也讲究自然通风。能否"藏风"成了他们的主要关怀之一。这些现在被人们引以为时髦的生态观念，早在近二千年前就由我们的风水学家以最简单明了的语言表达了。

下面我们再引述一段《葬经》中的话，涉及地形对风水的影响：

气乘风则散，界水则止。古人聚之使不散，行之使有止，故谓之风水。

这里提出了一个"气"的概念。就像"气功"中的"气"，它似在似不在，

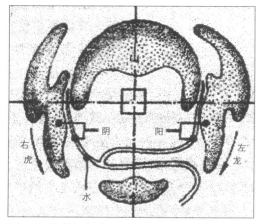

图1-7　理想风水图

既像是非物质的，又对宅地的微气候环境起实质性的作用。风水家的任务是通过对地形的考察，找到最适宜于保持"气"的自然与人工地形组合，通常的办法是：觅龙（背靠的山）、察砂（四周的小山）、浑水（包括"水口"）、点穴（或称"明堂"）。理想的地形是：靠山面水，两侧有砂，宅前有水，如图所示。

应当说，以上这些，都是比较科学、符合生态原理的。它对"阳宅"（特别是村落）比"阴宅"（墓）还要适用（墓就很难简单地说"得水为先"）。这是对选址而言的。

关于宅本身，我们可以引述汉代班固的一段话：

　　　形法者，大举九州之势，以立城郭室舍，形人及六畜骨法之度数、器物之形容，以求其声气贵贱吉凶。犹律有长短，而各征其声，非有鬼神，数自然也。

这段话，堪称中国古建筑理论的精华，可惜只是个序言，不能窥其全貌。从其本身的内容来看：（1）它述及城郭室舍的整体形态，不是单一建筑；（2）它依托的是中国九州的大地势，千姿万态；（3）它以人畜之骨法为构架，用现代话说，属于框架结构的构造；（4）它有如同器屋的形状和面容，也就是现代语言中的装饰；(5) 它通过构架和装饰，表现一种（贵贱吉凶）气质；(6) 它的长短尺度有一种音乐节奏感，使人疑有鬼神，而实为自然。

这里特别是"气质"和音乐感，是中国建筑的精神品质。它不以豪华贵重为值，而以此二者为重。这是中国古建筑最宝贵的传统。

以上这些用于择地和形法的基本原则，是我国风水学的精华，也是中国建筑学的理论基础。

除此之外，有的风水文献中还用图表示了不同布局的宅居的"吉凶"，有的从生态学角度看，也不是没有道理的。例如有人指出：宅东有河、西有路、南有空地、北有靠山就是"吉"的图例，就很有根据。因为东有河，可对东风起润湿作用；西有路，可减少噪声；南有空地，有利于日照；北有靠山,可挡住北风。还有像四合院把门放在东南角（在现代公寓中，把门放在不能一目了然地看到室内的地位），以及不在东北角设门（称之为"鬼门"）等都有其合理性。这些例子，实际上是总结很多人的建设经验的成果，不过披上"吉、凶"、"天地人鬼"的外衣而已。

对风水学（术）的批判，比较集中在它（或以理法派为代表）把宅主的生辰与宅地、宅形结合起来论"吉凶"的做法。除王充已批判的"五音宅式"外,后代又有像《八宅明镜》中把宅主分为两大组分别适用于"东四宅"或"西四宅"的布局，或在所谓"三合法"中把人的命运与五行结合起来等,都缺乏科学根据。这种批判是正确的。用罗盘来占地和相宅,实在是一种宿命论的做法。

然而，我最近在韩国的世界环境设计大会上，却听到一些新的观点，这就是"普适设计"（universal design）。这种观点认为，迄今为止，很多"以人为本"的设计，都是以某种典型的成年男人为对象的，而并没有考虑社会许多其他成员的需求和特点。这些其他成员包括妇女、老年、儿童、残疾人以及精神损害者等，而这些"另类人"却占了社会的大多数。"普适设计"就是要在设计中考虑社会各类成员的需求，例如为残疾人的"无障碍设计"等，因此就出现了所谓"普适厨房"、"普适卫生间"等的设计方案。当然，要在一个设计中做到面面俱到，适合所有人的需要，也不容易，甚至是不可能的。加之，即使是成年男人，也各有其个性及不同的嗜好和情趣，这是标准化和工业化生产所满足不了的。在近年来的工业产品中，已出现"个性化"的设计。住宅和其他为个人或个别家庭、个别社会集体服务的设施，也在向个性化的方向发展。从这个观点看，理法派风水家把个人和宅舍形态与布局结合起来的思路，也无可指责，只是这种个性化，只能依靠社会成员素质的提高，具有原创精神才能做到。用一个罗盘来决凶吉，也未免太可笑。但是话也要说回来，如果有的个人，自己愿意按罗盘指示来安排家中门、床、灶的相对位置，只要不妨害别人，又有何必要去指责他（她）呢？这与许多时髦人，按家庭杂志中的图片来安排室内家具陈设，追求"欧陆风格"或其他模式，又有什么不同昵？

在阅读《易经》后，我的体会是我们完全不必把它作为算命书，而是作为一本生活的伴侣（companion）看待，就会得到许多启益。同样，我们对待讲风水的书，把它的宿命论成分去掉，把它当成建房选址、室外环境改善和室内合理布置的参考书看待，也自有意义。

第二章　历史

　　2010 年，笔者意外地得知香港建筑师学会评选笔者为当年的名誉会员（每年评一人），并被邀请去港参加他们的年会、做学术报告。在年会上,笔者见到了许多新老朋友,做了题为《中国建筑文化传统的三大源泉》

a. 秦咸阳宫

b. 汉建章宫

c. 明清北京故宫

图 2-1　中国的宫廷建筑

049

a. 安徽村落

b. 丽江民居

图 2-2　中国的乡土建筑

的报告。这是笔者近年来学习的一个总结。

所指的三大源泉是：

——宫廷建筑（包括御敕的庙宇），其指导思想是西汉萧何所说的"非壮丽无以重威"，它们集中了所处时代的建筑技术和艺术的高峰；

——文人建筑，其指导思想是魏晋竹林七贤中"酒鬼"刘伶所说的"以天地为栋宇，以居室为裈衣"，其建筑本身尽管简陋，却含蓄了中国建筑园林在哲理和美学上的精华；

——乡土建筑（特别是农村村落），其基本特征是：自然、自发与潜在秩序，它们是中国人在大自然熏陶下产生的最原始、最朴实的集体无意识创作，可惜在现代化、城镇化车轮的无情摧毁下，已经所存无几。

a.画中意境：移天缩地入君怀

b.岳麓书院：正门

c.岳麓书院：讲台

图2-3 中国的文人建筑

以下略述这三大类型建筑传统的主要特征，特别要强调它们所存在的相互制约因素。

一、皇家建筑的主要特征

● 追求壮丽与强调节俭的互相制约

历史回顾：

《汉书》中有段传世的佳话：

"高祖七年，萧何造未央宫，立东阙、北阙、前殿、武库、太仓。上见其壮丽太甚，怒曰：'天下匈匈苦数岁，成败未可知，是何治宫室过度也'。何对曰：'以天下未定，故可因以旧宫时，且天子以四海为家，非令壮丽无以重威，勿令后世有以加也。'上悦，自栎阳徙居焉。"萧何之言，成为后世帝王建造宫室之依据。

萧何所称"勿令后世有以加也"，是搪塞之言。事后不久，到汉武帝刘彻求仙，造建章宫，搞"天人合一"，其豪华使国家几乎破产。

帝王的奢侈是农民起义的重要因素。后世吸取其教训，对皇家建筑在保持壮丽的前提下实施某些制约。

宋代的《营造法式》是一本工程规范，奠定了中国官方建筑的标准。有人认为它的目的是"反贪污浪费"。

明故宫就是"规范化的壮丽"。与法国凡尔赛宫的奢华相比，它显示了某种程度的制约（主要通过和谐的布局和温和的音乐节奏感来显示其"壮丽"）。

二、乡土建筑的主要特征

● 自由布局与潜在秩序的相互制约

所谓"潜在秩序"，指的是以"道统"为基础的，以家族为单位而形成的一种强劲的凝聚力。

中国村落的集居特征：

1）依山靠水的自然组合；

2）因土地珍贵而形成的高密度聚合；

3）由家族关系形成的强劲凝聚力。

结果是：

自然与人文景观的融合，以及超高度的密集性。

三、文人建筑与园林的主要特征

◉ 追求意境与贫乏资源的相互制约

1. 何谓"意境"？

"意境"（yijing，或称"境界"）的解释：它原为佛学中概念，在魏晋南北朝时期被引入文艺评论领域。在佛学中，境界指认通过修炼达到一种很高的程度。运用到文艺，指的是独创性的艺术天地，是在情景交融、虚实结合、形神兼备的基础上创造出来的。（自胡经之编《中国古典美学丛编》（上），中华书局，1988 年）。

王国维先生在《人间词话》中说："词以境界为最上，有境界自成高格"。对建筑与园林也同样适用。

2. 何谓"建筑意境"？

"建筑意境"，可以理解为创造一种超越于客观物质舒适的主观情趣。楼主在物质资源贫乏的制约条件下，通过意境的创造，使建筑成为进入高雅精神境界的媒介。详见本章第二节（"中国文人建筑的传统"）。

四、结论

1. 中国传统建筑文化的主要特征

——（皇家建筑的）壮丽；

——（乡土建筑的）自然；

——（文人建筑的）意境。

这些特征是存在的，但不是全部。只看到这些是不足的、片面的，甚至是误导的。

2. 必须看到和承认中国建筑文化中的制约因素

——（皇家建筑的）壮丽受到节俭规范的制约；

——（乡土建筑的）自然受到潜在秩序的制约；

——（文人建筑的）意境受到资源贫乏的制约。

基本特征与制约因素的相互作用是中国传统建筑文化的主要源泉。

认识制约是认识宇宙本质的关键：

——阴与阳；

——虚与实；

——柔与刚；

——精神与物质；

——主观与客观……

对制约的认识也显现于许多外国建筑师的创作中：

例如,美国评论家戈德堡（P. Goldberger）在描述西萨·佩里（Cesar Pelli）的作品时说：

在佩里的作品中，中心的课题始终是"制约"……关键不在于无可奈何地接受制约,而是要坚持"制约实际上促进艺术"的概念……他认为：创造性地处置制约就是艺术的使命。

3. 中国传统建筑文化的现代继承价值

其价值就在于它告诉我们如何在客观存在的制约中创造建筑美。

——（皇家建筑的）壮丽＋节俭产生和谐美；

——（乡土建筑的）自然＋秩序产生集合美；

——（文人建筑的）意境＋资源限制产生精神文明的升华。

中国今天面临的形势是:人口众多,资源（土地、水源、能源、资金等）匮乏。我们的任务是在有限资源条件下实现"民富国强",其基本途径不是修造大量的摩天楼和地标建筑，不是去仿照秦始皇的阿房宫和汉武帝的建章宫，而是继承和发扬我们的优秀建筑文化传统，学会：

以贫资源创造高文明

中国要对世界建筑的发展作出贡献，也在于此。

第二节 中国文人建筑的传统

在上节所述的三大类型，对宫廷建筑与乡土民居建筑作为中国建筑传统的源泉，估计分歧不大，但文人建筑则很少见之于中国建筑史的经典文献（至多见于园林），能否单独成为一个建筑传统源泉，可能会有不同看法。

笔者认为，中国的文人（包括建筑师、造园师、诗人、画家、雕塑家、家具师等）对中国建筑传统作出了杰出的、无可替代的贡献。他们多数处于社会的中下层，其影响主要是通过他们自建的宅第（在流放期内建的更具特色）、园林、雕塑和家具等以及描述的诗文、画作、雕塑中。他们的这些实物与非实物作品反映了中国知识分子的世界观、人生观和艺术观，给我们开拓了一个似真非真、似梦非梦的自然与人间世界，比宫廷建筑更接近人生，比乡土建筑更具有理性。我们的建筑史缺了这一块，就将是不完整的，甚至是欠缺灵魂的。

中国文人建筑（包括园林、绘画、雕塑、家具陈设等）是丰富多彩的，但是又有一个共性的艺术特征，这就是对意境的追求。"意境"（"境界"）一词可能来自佛教，但在中国文人的探索中，已经具有独立和完美的美学含义。它的概念和内涵，可能是欧美建筑艺术中所没有或不及的。我们应当十分珍惜这份遗产。

笔者意识到文人建筑对中国建筑文化传统的意义和作用时为时已晚，现在垂垂老矣。如果年轻哪怕 10 岁，也要踏遍祖国山河，去造访那些文人画家留下的遗迹，翻阅他们留下的诗文图册，写一本《中国文人建筑师》以求教于读者。现只能在本节中略叙一二。

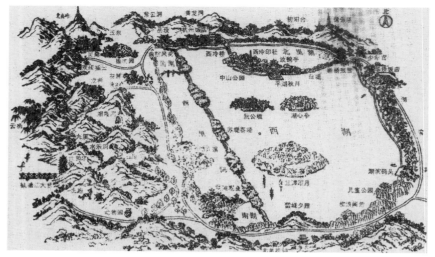

图 2-4 杭州西湖

　　我国的文人建筑，至今实物流传的不多，但是在诗歌绘画中却独成一类。以景观园林而言，大的有被誉为"人间天堂"的，由白居易、苏轼等开拓的杭州西湖、由王维经营的辋川别业（在 20 里长的范围内设立二十景，不亚于罗马的哈德良别墅），小的则有遍布江南各地的文人园林。以建筑而言，有谢灵运的山居、白居易的庐山草堂、司马光的独乐园、苏轼的黄楼、王禹偁的黄冈竹楼、朱熹的白鹿洞书院、黎巨川的广州陈家祠堂等。它们不追随宫廷建筑的"壮丽"，而独辟一径，"以天地为兹宇"，陶醉于目观"长烟一空, 皓月千里"的自然景色，耳闻室外瀑布般的急雨、碎玉般的密雪，胸怀"先天下之忧而忧，后天下之乐而乐"的思想境界。这就是中国知识分子（文人）所追求和创造的建筑意境，这是一种超越于客观物质舒适的主观情趣，能够在贫瘠资源的条件下使建筑成为进入高雅精神境界的媒介。我们可以说，如果没有中国文人建筑（园林）所创造的意境手法，只是追求壮丽的宫廷建筑，中国的建筑遗产就会黯然失色，消失其大半个文化价值。

这的确是一个值得开拓的领域。

一、中国文人的建筑举例

笔者寡闻陋见，就当前能收集到的些许资料，试以历代 12 名文人为例，简述其所从事的建筑（园林）活动：

——魏晋南北朝：陶渊明（365—427 年）

刘伶（西晋时期）

谢灵运（385—433 年）

——唐：王维（701—761 年）

白居易（772—846 年）

——宋：王禹偁（954—1001 年）

司马光（1019—1086 年）

苏轼（1037—1101 年）

朱熹（1130—1200 年）

——明：卢溶（1412—1480 年）

——清：陈宝箴（1831—1900 年）

——现代：王澍（1963—）

这当然是一个挂一漏万的名单，但仍足以说明中国文人建筑之存在及其独立价值。

本文从陶潜（渊明）开始（其实西、东汉的杨雄、仲长统等均有关于建筑方面的文字记载，暂略），因为他鲜明地提出"不为五斗米折腰"，具有中国有良知的知识分子的正直气概，并且在退隐后修筑的自宅中树立了与"非壮丽无以重威"的宫廷建筑相对立的中国文人建筑观的核心价值。

1.陶渊明（字潜，365—427 年）

陶渊明最有名的是《桃花源记》、《五柳先生传》和《归去来辞》三部作品，成为千年来中国文人

陶渊明

"乌托邦"和知识分子自教自律的典范。他的"采菊东篱下,悠然见南山"的诗句,给我们展示了一种超绝的处世哲学观念与美学境界。在这种情趣下阅读他的《归田园居》(三首)之一:

少无适俗韵,性本爱丘山,误落尘网中,一去三十年。

羁鸟恋旧林、池鱼思故渊。开荒南野际、守拙归园田。

方宅十余亩,草屋八九间,榆柳荫后檐,桃李罗堂前。

暧暧远人村,依依墟里烟,狗吠深巷中,鸡鸣桑树巅。

户庭无尘杂,虚室有余闲。久在樊笼里,复得返自然。

使我们感受到一种自然主义的建筑美学("榆柳荫后檐,桃李罗堂前"),这是成天埋于世俗官途的名士们所无法、也无缘体验的,然而,它却开辟了中国宫廷建筑之外的另一种建筑天地。

2. 刘伶

竹林七贤之一,魏晋时期沛国(今安徽淮北)人,字伯伦。陶渊明的退隐思想,在汉魏文人中已经较为普及。如东汉有"后汉三贤"者,其中的王符就辞官不出,著有《潜夫论》;另一位仲长统则写道:"欲使居有良田广宅,在高山流水之畔,沟池自环,竹木周布,场圃在前,果园在后。"实际上多数退隐文人,根本谈不上有"良田广宅",但仍能自得其乐。

到魏末晋初,文人中这种超脱尘世、自由自在的风气更加泛滥,最有代表性的是以嵇康为代表的"竹林七贤",其中最为超脱的可以说是酒鬼刘伶。客人来访,见他不穿衣服,以为不然,他却说:"我以天地为栋宇,以屋室为裈衣。"他成天醉酒,作《酒德颂》称自己是以"天地为一朝,万期为须臾,日月为扃牖(门窗),八荒为庭衢……"。

我们今天当然不会提倡刘伶那样的酗酒,但是他所说的"以天地为栋宇"却大有深意可探。笔者甚至认为可以作为中国文人建筑的核心思想,即建筑与大自然的结合,把自然视做大屋宇,这难道不是当今生态学的根本原理吗?

图2-5　竹林七贤（取自南朝大墓砖画）

3. 谢灵运（385—433年）

东晋名将谢玄之孙，浙江会稽人。在东晋后期和刘宋初期任职，后受到排挤，贬为永嘉太守，不久即称病返乡（浙江会稽）隐居，在山上筑屋，以采药为生，为中国山水诗的开创者。他所作万言《山居赋》，详细描述了山居的建造原理。在笔者看来，可以与维特鲁威的《建筑十书》媲美。

在赋中，他把隐士建筑（也就是我们所说的文人建筑）分为四类：

——巢居穴处曰岩栖（即今之窑洞）；

——栋宇居山曰山居（谢本人在家乡所筑即属此类，后世山水画家均用"山居"之名，如元黄公望所绘《富春山居图》）；

谢灵运

——在林野曰丘园（如陶渊明的田园居）；

——在郊郭曰城旁（如北宋王禹偁之黄冈竹楼）。

他对自己的"山居"的总描述为："其居也，左湖右汀，往渚还汀。面山背阜，东阻西倾。抱含吸吐，款跨纡萦。绵联邪亘，侧直齐平"，然后又分别描述其东南西北的远、近景色（山居的好处就在于能看到远、近景色之变化）。在这种环境中，建筑本身是"葺骈梁于岩麓，栖孤栋于江源，敞南户以对远岭，辟东窗以瞩近田"。继而又描写山区的植物、动物、游鱼、飞鸟……生活气息浓厚。诗人在此建造了南北两居，又详细叙述由水路经陆路的进达路线，再描述居住在室内的感受："日月投光于柯间，风露披清于畏岫，夏凉寒燠，随时取适……眇遁逸于人群，长寄心于云霓"；"冬夏三月，远僧有来，近众无阙。法鼓朗响，颂偈清发。散华霏蕤，流香飞越"……人气和诵声、流香齐来，也并不寂寞。文人在大自然中享受的乐趣，岂是在官场钩心斗角者所能体会。

图 2-6　[元] 黄公望《富春山居图》（剩山图）（局部）

图 2-7 [元]黄公望《富春山居图》中的山居（局部）

今天我们不可能见到谢灵运山居的实物，但是中国古代山水画中实际上记录、描绘了它们的面貌和精神实质，甚至在取名上也沿用了他的"山居"之称，例如元朝画家黄公望就把自己的名画取名为《富春山居图》。它的画表现了山居与山水环境的关系，这与建筑师所企求的"意境"是一致的。

4．王维（701—761 年）

王维为盛唐诗人兼画家中的佼佼者。他的仕途生涯有起有伏，最后做到尚书右丞，但到后期他已经对官场失望："晚年惟好静，万事不关心。"他从 40 岁开始，就在陕西蓝田的辋川置业，修筑辋川别业，在二十里长度的范围内选择了 20 个美景加以改进，并与友人裴迪逐一赋诗赞美并作画，编有《辋川集》，可以说是唐代杰出的造园家。可惜的是当年美景未能保存，王维的画也没有流传，只有若干后人临摹的尚在。我们今天只能从他与裴迪的诗篇中欣赏（清圆明园的北远山村

王维

图 2-8 辋川图

图 2-9 圆明园北远山村

据说就取材于它）。

5. 白居易（772—846 年）

白居易，字乐天，号香山居士、醉吟先生。唐代著名诗人，他的诗意义深刻但通俗易读，老妪均懂。关于他的生平和诗作，历代出版的很多，但很少有提到他的建筑和造园活动。事实上，他是中国历史上一名杰出的建筑师、景观师和造园师。

白居易的一生，和中国古代诸多知识分子一样，充满了颠簸，但他始终以乐观的精神对待人生。他在临终前口述的《醉吟先生传》中写道："外以儒行修其身，中以释教治其心，旁以山水风月歌诗琴酒乐其志"，概括了他的思想和志趣。

他的建筑园林活动，主要可见于三例：

一是在公元 815 年，他被人陷害贬至江西江州（今九江），在当地建造了自宅，称为"庐山草堂"，有《香炉峰下新卜山居草堂初成偶题东壁》一诗：

> 五架三间新草堂，石阶桂柱竹编墙。南檐纳日冬天暖，北户迎风夏月凉。洒砌飞泉才有点，拂窗斜竹不成行。来春更葺东厢屋，纸阁芦帘着孟光。

这里采用的都是地方材料，然而南檐北户，冬暖夏凉，充分体现了我们今日所称的生态原理；飞泉斜竹，又在听觉和视觉环境上提供了优雅的意境。这不是建筑师所追求的佳境吗？

草堂实物已不在，然而它的韵味流传到后世，甚至可见于当代大画家张大千的画中。

二是在 820 年，他虽然被调回京都，但不满于朝廷的勾心斗角，主动要求去外地任职，于是被调至杭州。他热爱杭州的山水，写下了百多篇

白居易

图 2-10　张大千《闲居图》

赞美杭州景观的诗篇，充分显示了他捕捉景观特色的卓越才能。在当任时，他疏浚了六口枯井，解决了当地人民喝水问题，并修堤蓄积湖水，作灌溉用，写下《钱塘湖石记》一文，刻石于湖边，供后代开发西湖之用。杭州人为纪念他的功绩，将原白沙堤改名为白堤，与后来苏东坡修的苏堤并列，以纪念他们开拓西湖之功。

三是在 829 年，他奉调到洛阳，在此终老。在洛阳履道里筑宅造园，有《池上篇》诗作：

> 十亩之宅，五亩之园／有水一池，有竹千竿／勿谓土狭，勿谓地偏／足以容膝，足以息肩／有堂有庭，有桥有船／有书有酒，有歌有弦／有叟在中，白须飘然／识分知足，外无求焉／如鸟择木，姑务巢安／如龟居坎，不知海宽／灵鹤怪石，紫菱白莲／皆吾所好，尽在吾前／时饮一杯，或吟一篇／妻孥熙熙，鸡犬闲闲／优哉游哉，吾将终老乎其间。

事实上，中国园林史的研究已肯定在唐代我国已有较成熟的造园理论与实践，而文人私家园林（包括白居易的履道里和王维的辋川别业）已达千座之多，在园林史上占有重要地位。然而，有园必有建筑。要谈园林而忽视相与见彰的建筑是不可能的。

6. 王禹偁（954—1001 年）*

王禹偁，字元之，济州巨野（今山东）人，著作有《小畜集》。宋太宗太平兴国八年（983 年）登进士第，授成武县主簿，次年移至长洲。太宗端拱元年（988 年）被召赴京，任右拾遗、直史馆，献《端拱箴》和《御戎十策》，得太宗赞赏，升为知制诰，以后因直言屡遭挫折。真宗咸平元年（998

王禹偁

---

* 本节取自拙作《中国古代建筑师》（北京读书·生活·新知三联书店，2008 年）。

年）贬至黄州，为自己筑竹楼，写有《黄冈竹楼记》一文*，是一篇绝佳的描述建筑意境创造的文章。其文如下 [白话译文]：

　　黄冈这个地方竹子很多。大的竹子像椽条那么大，竹工把它破开，挖空它的节，用来代替瓦；各家各户都是这样，因为它的价格便宜，而且省工。黄州子城的西北角，上面的矮墙已经倾塌毁坏，长满杂树野草，荒凉肮脏；我就势修建了两间小竹楼，与月波楼相连接。从楼上远望，群山的风光尽收眼底；平视过去，可以看到江滩上的浅水流沙。清幽寂静、辽阔遥远，不能把它的情状一一描绘出来。夏天，最宜听急雨，好像瀑布的声音；冬天，最宜听密雪，好像撒下碎玉的声音。这里适宜鼓琴，琴声协调和谐；适宜吟诗，诗歌音韵清脆；适宜下棋，棋子落在棋盘上发出丁丁的声音；适宜投壶，箭投入壶中发出铮铮的声音。这都是竹楼的帮助啊。

　　我在办完公务以后的空闲时间，披着羽毛制作的外衣，戴着华阳巾，手里拿着一本《周易》，焚上一炉香，默默地坐着，消除世俗的各种杂念。除了长江高山以外，只看到乘风前进的帆船，在沙洲上飞翔的水鸟，烟雾云霞笼罩的竹林树木，等到酒醒了，茶品完了，香炉里的烟烧尽了，便目送夕阳下山，迎来一轮明月，这真是贬官中的佳境啊。那齐云楼、落星楼，高是很高；井幹楼、丽谯楼，华丽是华丽，但是，它们只是用来贮藏歌妓和能歌善舞的人。这不是文人应该干的事，我不屑于赞美它们。

　　我听竹工说："用竹子作瓦，只能管十年；如果盖两层，可以管二十年。"唉！我在至道年间乙未那一年，从翰林贬出

---

*　阙勋吾等译注，《古文观止》，岳麓书社，1998年。

京城到了滁州；第二年丙申，调到广陵；第三年丁酉，又被召到中书省担任职务；第四年戊戌的大年三十，又命令我到黄州来，直到今年闰三月才到任所。四年里面，到处奔波，没有空闲。不知明年又在什么地方，难道还怕竹楼容易朽坏吗？后来的人如果与我志向相同，继续修理这座楼，那么这座楼也可以不朽呢！

他还写过一首《点绛唇》的词*，与《竹楼记》可谓互相呼应：

雨恨云愁，江南依旧称佳丽／水村渔市，一缕孤烟细／天际征鸿，遥认行如缀／平生事，此时凝睇，谁会凭栏意？

在这里，我们看到的文人已不是陶渊明那种回归农民生涯的情操，而是以《周易》为指导，来试图理解"平生事"的一名坚贞不屈的在职知识分子。他在谪居黄州时，不住州府，却要选择一个虽然荒芜，能"远吞山光，平挹江濑"的场址，因为这里的夏雨发生了瀑布声，这里的冬雪带来了碎玉声。他不住瓦房，而用当地民间剖竹建楼的经验。所建成的二层竹楼，把主人带入的居住环境，已不再满足于陶潜的"榆柳荫后檐，桃李罗堂前"的自然舒适性，而是为诗书棋琴均添声色的多维感受的新境界。在公退之暇，微醉之际，在"风帆沙鸟、烟云竹声"的大自然风光之中，思考着人生的起伏，却始终无悔于自己的耿直，尽管四年内"奔走不暇"，却依然蔑视高官们那种养妓拥秀的堕落生活，而宁肯适应于"谪居之胜概"。对于这种使用寿命仅10至20年的竹楼，他相信即使自己再被贬迁，也会有后人继承，以至于可处于不朽的境地。这种气概，和魏晋刘伶的"以天地为栋宇，以屋室为裈衣"的豪放性相比，另有一种积极的因素。

他的这种安于逆境的精神也同样可见于中国的古代国画（图2–11）。

---

* 朱彝尊、汪森辑，《词综》，中华书局，1975年。

图 2-11 ［南宋］马麟
《静听松风图》

7. 司马光（1019—1086 年）

司马光，北宋政治家、文学家、史学家。司马池之子。历仕仁宗、英宗、神宗、哲宗四朝，主持编纂了中国历史巨著《资治通鉴》。

司马光

北宋熙宁四年（1071 年）王安石变法，司马光反对，从朝廷引退至洛阳，购地 20 亩，筑独乐园（两年筑成）。他在其中读书写诗，并继续编写《资治通鉴》。独乐园内设七景，分别为：读书堂（内藏书"出五千卷"）、秀水轩、钓鱼庵、种竹斋、采药圃、浇花亭、见山台（因附近树木密集，见不到山，于是在园中筑台，构屋其上，以望万安、轩辕诸峰，乃至太室）。他写有《独乐园记》一文，其中写道："迂叟（指自己）平日多处堂中读书（其实在读书之外，他还致力于编著《资治通鉴》）……志倦体疲，则投竿取鱼，执衽采药，决渠灌花，操斧剖竹，濯热盥手，临高纵目，逍遥徜徉，唯意所适。明月时至，清风自来，行无所牵，止无所柅，耳目肺肠，悉为己有，踽踽焉，洋洋焉，不知天壤之间复有何乐可以代此也，因合而命之曰：独乐园。"

有友人责问他，"君子之乐必与人共之，今吾子独取于己，不以及人，其可乎？"他的回答是："叟所乐者，薄陋鄙野，皆世之所弃也，虽推以与人，人且不取，岂得强之乎？必也有人肯同此乐，则再拜而献之矣，安敢专之哉！"事实上，此园对外开放，游者不绝。李格非在《洛阳名园记》中描写此园"其曰读书堂者，数十椽屋。浇花亭者，益小。弄水、种竹轩者，尤小。见山台者，高不愈寻丈。曰钓鱼庵、阅采药圃者，又特结竹杪、落蕃蔓草为之尔……所以为人欣赏者，不在于园耳！"这些话出自品园家之口，实际上是不懂此园之美妙所在。我们且看同时代诗人苏轼在熙宁十年（1077 年）所作的诗：

青山在屋上，流水在屋下。

中有五亩园，花竹秀而野。

花香袭杖屦，竹色侵盏斝。

樽酒乐余春，棋局消长夏。

洛阳古多士，风俗犹尔雅。

先生卧不出，冠盖倾洛社。

虽云与众乐，中有独乐者。

才全德不形，所贵知我寡。

先生独何事，四海望陶冶。

儿童诵君实，走卒知司马。

持此欲安归，造物不我舍。

名声逐吾辈，此病天所赭。

抚掌笑先生，年来效喑哑。

就可以知道品位之重要。

司马光对独乐园的七景各有一诗，可惜我没有见到。然而明代大画家仇英（约 1498—1552 年）根据这七首诗所作的《独乐园图》，虽然时隔将近五个世纪，却能体会到文人之间的心脉相通。面对这几幅画（其中司马光多次出现），我们看到《资治通鉴》是在怎样的环境中产生的，能不肃然起敬吗。

8. 苏轼（1037—1101 年）

苏轼，字子瞻，号东坡居士。北宋文学家（诗人、画家、书法家），出生于四川眉山，中进士，官至礼部尚书等，因与王安石政见不同，要求任外职，先后去杭州、密州、徐州等地。43 岁因李定案下狱几死，后贬至湖北黄州，以后又回朝任龙图阁学士，礼部尚书等，出知杭州、颍州。再后又被贬惠州、儋州等，病死外地。

苏轼一生秉直为性，其诗文以豪放为人喜爱。他当

苏轼

弄水轩（左上）；读书堂（左中）；钓鱼庵（左下）；采药圃（右上）；见山台（右下）

图 2-12 ［明］仇英《独乐园图》（局部）

官时，自愿去外地任职，每到一地，都要为当地百姓办好事。他多才多艺，除诗文、绘画、书法外，还精通建筑技艺，但不甚被人注意。

至今我们去四川眉山，还能见到苏轼的出生地，已被人奉为"三苏祠"，事实上是一所当时中层家庭的寓所，但风格雅致，苏轼在20岁前居住在此，受到它的无形熏陶。和白居易一样，我们可以追溯他一生的若干建筑活动。

第一个是他在出任徐州太守时，恰逢黄河改道，大水降临，他与百姓共同抗洪，保护了徐州城郭。当官民共庆抗洪胜利时，苏轼为此特别修造了一座10丈高的"黄楼"。林语堂先生在《苏东坡传》(The Gay Genius，J.Day Co.，1947)中有一段描写：

> ……苏东坡性好建筑，就在这道外城墙上建了一座10丈高的楼台，名叫"黄楼"。后来他在徐州写的诗集就叫做《黄楼集》，而他在密州建的超然台也变成他密州作品集的代称。

> "黄楼"命名和古老的中国宇宙论有关。根据此一理论，世上一切都是由金、木、水、火、土构成。每一元素都代表一种原则，例如坚毅、成长、流动、热、重力等等，这些原则世界通行，不但可用在物质界，也可以用于生命机能、人类性格和行为上，例如婚配就用得着。一切生命都由五个元素交织而成，互克互补，每一要素都有代表的颜色。说也奇怪，黄色代表土，黑色代表水，黄土有吸收力，据说可以克水。因此"黄楼"就变成抗水力量的象征。

> 元丰元年(1078年)重九，黄楼举办盛大的开幕仪式。苏东坡非常高兴。百姓没有被洪水吞噬，大家花了半年多来兴建水坝和楼台；黄楼属于全城百姓，是未来对抗水患的明显象征。全城的人都来参观开幕典礼。东门上黄楼耸立，高达10丈，下面是5丈高的旗杆。楼台建成宽塔的形式，大伙儿上楼观赏

四野的风光。那天早上浓雾茫茫，他们由窗口眺望，听见下面船只的桨声，恍如置身大海船中。不久天空放晴。远处的渔村和岩峰下的五、六所庙宇历历可见。年老的人叫冷，苏东坡要他们先喝一杯暖酒驱寒。南面前端可以看见隆起的台地，以前是戏马台，如今建了一座佛寺。长长的新堤由庙宇开始，沿东城墙向北延伸，他们听见远处陆洪和百步洪的怒潮，与下面的鸭声、鹅声打成一片，最后大宴宾朋，还有乐队伴奏。……

苏轼谪居黄州后，建造了自己的家居："雪堂"。

元丰四年（1081年）苏东坡变成道道地地的农夫。他开始在东坡耕田，自号"东坡居士"。他早想归隐田间，却没想到被迫如此当上了农夫。"东坡八首"的前叙中说："余至黄州二年，日以困匮。故人马正卿哀余乏食，为于郡中请故营地数十亩，使得躬耕其中。地既久荒，为茨棘瓦砾之场，而岁又大旱，垦辟之劳，筋力殆尽。释耒而叹，乃作是诗。自愍其勤，庶几来岁之入，以忘其劳焉。"

东坡农舍实际上大约占地10英亩，离城东只有三分之一英里，就在小山边。顶上是一间三房的小屋，俯视下面的亭台，亭台下便是著名的雪堂。这座五房的堂舍是次年二月在雪中盖成的。墙上有东坡亲笔画的森林、河流、渔夫的雪景。后来这里变成他待客的地方。宋朝大画家米芾当时只有22岁，曾来拜访他，与他论书。陆游在孝宗乾道六年（1170年、东坡死后70年左右）十月参观东坡，曾记载堂中挂着东坡的画像。画中他一身紫袍黑帽，手拿竹竿，倚石而卧。

雪堂的石阶下有一座小桥跨沟而过，除了雨天，平常都干干的。雪堂东面是他亲自种的一棵大柳树，再过去是一个小井，泉水冷冽，倒没有什么特别的优点。东面下方是稻田、麦田、一大排桑树、菜蔬和一个大果园。他还把附近一个朋友送他的茶树也种在农场上。

远景亭在农舍后方，立在一堆土岗顶，四处风光一览无遗。他的西邻姓古，有一大片巨竹，竹茎周长 7 英寸，长得十分茂密，连天空都遮住了。苏东坡夏天就在这儿乘凉。还摘取干燥平滑的竹箨给太太做鞋衬里。

苏东坡现在是道道地地的农夫，不是地主。有一首答孔平仲的诗：

去年东坡抢瓦砾，自种黄桑三百尺。

今年刈草盖雪堂，日炙风吹面如墨。……

建筑是苏东坡的本能。他决心为自己造一个舒舒服服的家。他筑水坝、造鱼塘、种了邻居送的树苗、朋友送的花木、故乡来的菜蔬，精力全耗在上面。一个男孩跑来告诉他，他们挖的井出水了，或者针状的绿芽伸出地面了，他高兴得跳起来。他看见稻茎随风摇摆，晚上沾了露珠的稻茎有如月夜的珍珠，晶莹可爱，心里充满自豪与满足……

时隔四年，否极泰来，受太后的恩宠，苏东坡 49 岁升任翰林学士，但又陷入政治风波，为了逃避，他又被任命为杭州太守，并担任浙西军区钤辖。到任以后，他首先着手解决杭州居民用水和运河淤泥堵塞问题，疏通了运河系统，修建了六个水库，然后开始疏浚西湖，大力清理野草覆盖区，把挖出来的野草和淤泥用来修筑长堤，上设六座拱桥和九座亭阁（其中一座被当地百姓用作他的生祠），并且把岸边湖面开垦出来给农夫种菱角，这样农夫就会自动除草。经过他的修治，西湖不仅成为当地百姓生财之道，而且开拓了一个美丽的"人间天堂"。至今西湖的苏堤和白堤，成为人民纪念中国两位杰出的文人建筑师的丰碑。

时过境迁，不久太后去世，新任宰相章惇，虽是苏轼故友，却对他

图 2-13　今日西湖苏堤

下毒手。一时，苏门四学士都遭了殃，苏轼被贬谪至岭南惠州。陪伴他的是他的第三任妻子朝云。林语堂写道：

第二年三月，苏东坡开始在河东一座4丈高的小丘顶建房屋，离归善城墙很近。经过长期的战争和灾荒，这栋房屋至今仍在，称为"朝云堂"，它在苏东坡的作品中称为"白鹤居"，能看见河流北面转向东北的美丽风光。占地只半英亩，又受后面小丘和下面陡坡的限制，房子的格局必须适应小量有限的地面，一边宽一边窄。靠城墙的一端已经有两栋小屋，一栋是翟秀才的，一栋是酿酒老妇林太太的，他们都是好邻居、好朋友。他挖了一个4丈深的水井，翟先生和林太太也得到不少方便。另一方面苏东坡可以赊酒喝。后来他离开这儿，还继续送礼物给老太太。

房子很精致，一共有二十"室"，在中文里"室"代表一个空间单位。南端的小空地种了橘子、柚子、荔枝、杨梅、枇杷、几棵桧树和栀子。一位太守替他找花果树……如今苏东坡的

"思无邪堂"立在白鹤峰上、另一个厅堂名叫"德有邻堂"。孔子说："德不孤、必有邻"、名字就由此而来。……东面山上有一座佛寺隐在高高的森林里、他春天睡觉听到庙院的钟声。往西看去、可以望见拱桥跨越碧绿的溪水……。南面有古树映在深处的江水中、他自己的果园则有两棵橘树。风光最好的是北面、江水环抱山脚转向县城。附近的岸边有一个钓鱼的好去处。他可以在水边逛一上午、不觉得时光飞逝。

然而，厄运又来。在新屋落成前日，苏轼的亲密伴侣朝云，却因病去世；而新屋落成后两个月，他又得到命令把他再发配到海南儋州。直到新太后上台，他才得到宽恕，然而多年的折磨已经把他磨损殆尽，他在北返途中去世，享年64岁。在他去世后25年，北宋也灭亡。

《苏东坡传》中，还提到他在密州修造超然台，后来在惠州又"建了两座桥，一条横越大江，一条横越惠州的湖泊……从事这项工作期间，他还做了一件百姓感激的事情，就是建一个大冢，重新安葬物主的孤骨……"。我们应当感谢林语堂先生，他为我们生动地描绘了一名中国文人建筑师的事迹。

9. 朱熹（1130—1200年）

朱熹，字元晦，仲晦，号晦庵，徽州婺源人，南宋哲学家、教育家。他中过进士，一生曾经多次被封官，但多次辞职不干（从中进士到去世50年，当官仅9年），而致力于治学与教育。他在学术方面的成就，主要是总结宋代理学的大成，为中国哲学开拓了一个新的体系。他在教育方面的成就，主要是汇集《四书》（特别是树立《孟子》的地位）、《五经》作为普及儒学的教材，与西汉董仲舒歪曲的儒学思想对立，

朱熹

恢复了孔孟思想的原貌；并先后从事修复白鹿洞书院和岳麓书院，开拓了中国书院教学的新风。

白鹿洞书院：位于江西庐山五老峰南麓，最早是唐代诗人李渤兄弟读书的地方，因养白鹿得名。南唐时建为学馆，以后在战火中毁灭。到北宋时在宋太祖赵匡胤鼓励办学的政策下恢复，成为国内四大书院之一。以后又几次毁于兵火。到南宋淳熙六年（1179年）朱熹任南康太守时又进行恢复，订立学规，置田建屋，打下了后800余年中国书院教学制度的基础。

朱熹为书院制定的《学规》强调"五教、五序"。"五教"是"父子有亲，君臣有义，夫妇有别，长幼有序、朋友有信……学者学此而已"。我们可以看到他的教育思想是以培育道德品质为主，而且他提倡的五项关系，与董仲舒的"三纲五常"有很大的区别。

"五序"是"博学之，审问之，谨思之，明辨之，笃行之"。这"学、问、思、辨、行"的五序树立了一种独立思考、自由讨论、知行合一、学以致用的优良学风。

朱熹建书院，在《学规》的方针指导下，首先是重山水，其次是求名贤，再次是建院舍。书院的选址和建设，要在山清水秀的"云封深处"，远离尘嚣，置身自然，为读书研究创造一个良好环境。以白鹿洞为例，它位于五老峰脚下，一条贯道溪由西而东流过。书院的校舍分为四块：

——"升堂讲说"：书院以讲堂为中心，"每升堂讲释，生徒环立，各执疑难，问辩蜂起"。著名的有朱熹请他的理论对手陆象山来讲学，讲到生动处，生员都痛哭流涕。

——"分斋教学"：书院教学分经义和实用两部分，前者为儒家经典（《四书》、《五经》），后者包括"治民、讲武、水利、算术"等。

——"生徒自我钻研"：生员在住所自修。

a. 大门

b. 平面图

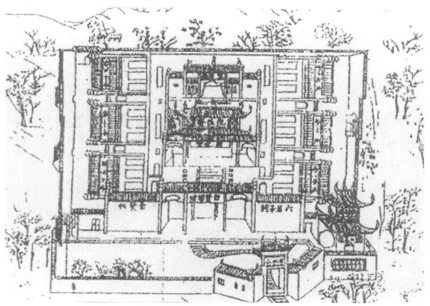

图 2-14　白鹿洞书院

——"优游山水间":以陶冶性情。*

岳麓书院:位于湖南长沙岳麓山东麓,始建于北宋开宝九年(976 年),为四大书院之一。两宋之交,受战火破坏,1165 年重建,由著名理学家张拭主持,朱熹也曾来访(1167 年),然而他正式接管,是在绍熙五年(1194 年)任湖南安抚使时。接管后,他对书院进行了整顿,制定《朱子书院教条》(参照白鹿洞书院学规),开创了著名的"湖湘学派"。

笔者认为,朱熹先后主持白鹿洞和岳麓书院(都属于四大学院),为我国教育建筑的建设"从软件到硬件"都树立了良好的先例,因此朱熹作为中国文人建筑师的地位是无可否认的。

10.卢溶(1412—1480 年)

卢溶,字孟涵,号三峰,浙江东阳人,当地卢宅肃雍堂[明代宗景泰七年(1456 年)至英宗天顺六年(1462 年)]的建造者。他是卢氏十四世户主。他的儿子卢格形容他修建肃雍堂是"区划经制悉出其表,而气象规模独出人表",可见该建筑群的策划布局,都是他的主意。他的业务有点像今日之房地产商:"性颇好增置产业……(由于价钱公道),售者日众,田业日广……于是筑室聚人,量地肥硗,等其租人。"又常捐款做公益事,如独捐白金一千数百两修义乌东江桥,桥成后不久毁坏,又出资于前数倍重建,故口碑甚佳。享年 77 岁而逝。**

据介绍,明代住宅建筑有一些明显的时代特征,主要是:官方制定的等级制更加严格(例如,不许用歇山重檐屋顶,不许画藻

卢溶

* 以上内容参见李广生著《趣谈中国书院》,百花文艺出版社,2002年。
** 洪铁城,《经典卢宅》,中国城市出版社,2004年。

井，不许雕刻古帝圣贤人物、日月龙凤麒麟等；对各级官员建筑用几间几架也有等级规定，同时鼓励建宗庙家祠。于是"编撰家谱或修建宗祠"之风大起。浙江东阳卢宅肃雍堂即是一例）。与此同时，宗族聚居的住宅类型更加普遍，私家园林大量发展。*

卢宅是现在国内得以保存的明代大型同姓聚居村落的极少例子。它是一个典型的文人官僚家族的聚居地。卢姓居民自称是姜太公之后，较早的族主是北宋翰林学士卢琏，辞居天台，七世传到北宋治平（1064—1067 年）初迁居东阳，逐步发展为一个占地 2250 亩的卢宅村落。从明永乐年以来，这个家族出过贡生 52 人，例贡 36 人，乡试中举 29 人，其中解元 2 人，殿试进士 8 人。村中有各种书院等教育建筑近十处，还有铜佛殿、大柿阁、白塔庵、关帝庙等寺庙建筑 16 处，各种园林景点 20 余处。可见这种聚居方式有利于为朝廷培养和产生官僚后备军。

卢宅村中规模最宏大的是肃雍堂。这是一个巨大的建筑群，共九进，厅堂楼舍 125 间，占地 6500 平方米。它当时的主人，也是建造的主要负

a. 全貌　　　　　b. 肃雍堂内院

图 2-15　浙江东阳卢宅（一）

---

　　* 伊佩霞，《剑桥插图中国史》，赵世喻、赵世玲、张宏艳译，山东画报出版社，2001年。

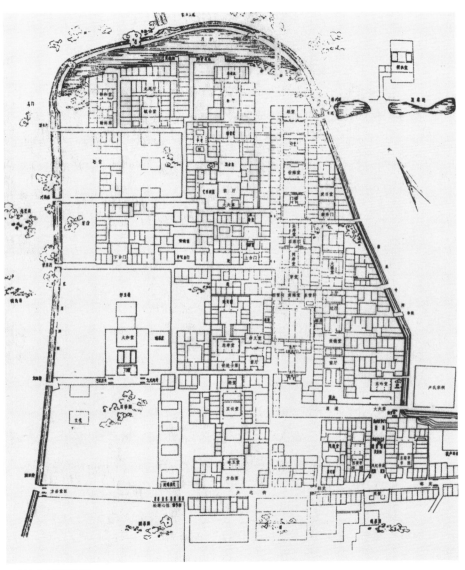

c. 卢宅中心区平面图

图 2-15 浙江东阳卢宅（二）

责人就是卢溶。它的布置格局是前堂后寝，前四进以肃雍堂为主体，为族人祭天祀祖、吉庆典礼、迎宾接客、宗族聚议之用；后五进以世雍堂为主体，堂楼用作宗支红白喜事，大堂和厢楼为家眷住宅。民间甚至有"北有故宫，南有肃雍"之说。

建筑群的入口有磨砖照壁和八字砖墙，进去后有三座石坊夸宗耀祖，然后转折到达头门，此后是门堂交替地沿中轴线逐步展开。厅堂建筑一般用悬山屋顶、粉墙黛瓦。虽然地处木雕之乡东阳，但不追求豪华装饰，而是以恰当的比例尺度、明露的梁架结构，显示一种庄重朴实、精致大方的气质。这里没有白居易、王维的那种以山水为伍的情趣，也没有陶渊明、王禹偁的那种与自然共鸣的追求，有的是"克己复礼"的自我克制，以及追求官场进取的抱负。我们在这里可以体会到明代存在的那种从中央到地方的保守主义，然而，我们仍然应当承认，这种讲求克制、遵守礼制的风气，也给人带来了一种平衡、安稳感的美学享受。

11. 陈宝箴（1831—1900 年）

陈宝箴

陈宝箴，福建汀州（今上杭县）客家人，祖上迁至江西义宁州定居。30 岁（1860 年）进京参加会试落榜，投入"果健营"防守太平军。以后先后在湖南、河北、浙江、广东、湖北等地任职，颇受赏识。甲午战争后，受兵部尚书荣禄举荐，诏授湖南巡抚。恰逢湖南大旱，由于措施得当，救灾及时，使得百数十万人逃脱死亡命运。正式上任后，大力整肃吏治，开源节流，"变士习，开民智，敕军政，公官权"，一改湖南混乱局面。他与黄遵宪、江标、徐仁铸、欧阳中鹄、熊希龄、梁启超、唐才常、谭嗣同、皮锡瑞及其子陈三立等积极参与维新。戊戌政变后，以"招引奸邪"之罪革职，移居江西南昌。1900 年去世。一说是被慈禧太后密旨赐死(参见维基百科)。

笔者得访陈宝箴宅，纯属偶然。当时正在凤凰城旅游，暂时休息于

图 2-16　湖南凤凰陈宝箴宅

市博物馆（尚未开放）对面，忽然看见身后石碑刻有他的事迹，乃知对面就是他的故居，于是擅自进入，忽然眼界一开，为庭院的建筑设计大为赞赏，感到他吸取凤凰城水边吊脚楼的风格，又有创造，实是难得之作，于是拍了几张照片留念。宝箴子三立、孙寅恪，三代都是中国的大学问家，其家居之精美，绝非偶然。

12. 王澍（1963—　 ）

王澍无疑是一位现代中国文人建筑师，具有中国传统文人的习气，就是不随俗。他的事务所名为"业余"，就表示他的独立性。他的设计使人想起中国古代的建筑，例如"象山校园"就使人想起白鹿洞和岳麓书院；

"五散房"使人想起醉翁亭。只是想起，而不是雷同。正如普利茨克建筑奖评委所说："他的作品能够超越这场辩论（注：指建筑应当锚固于传统，或只看到未来），产生超越时间，深植于文脉而又是普世的。"

王澍的作品远离那些一味追求"签名"式标志，"欲与天公试比高"，现代化追求"非壮丽无以重威"的庸俗性。事实上，中国需要和大量建造的正是那种中小规模，与环境紧密结合的、与民生紧密结合的居住、教学、医卫、科技和文化建筑。中国建筑史与建筑理论的研究也应当转向这些建筑。

[补充：从王澍荣获普利茨克建筑奖以来，关于他的创作已经有多个刊物出版专刊进行推颂、无需笔者置喙。笔者在此只想就他对中国传统材料的运用发表一些感想。

王澍在"五散房"开始采用了一种"旧料回收"的方法，以后又扩大到宁波历史博物馆24米高的"瓦片墙"中。他有一段话：

a. 宁波五散房

图 2-17　王澍设计作品（一）

b. 杭州中国美术学院象山教室之一

c. 杭州中国美术学院象山教室之二

图 2-17　王澍设计作品（二）

用大量回收材料，除了节约资源，在新建造体系下接续了"循环建造"的传统，也是因为这类砖、瓦、陶片都是自然材料，是会呼吸的，是"活"的，容易和草木结合，产生一种和谐沉静的气氛。与之相应，我理想中的建筑总是包含大量建筑内的外部腔体，建筑内是有"气"存在的（见王澍：《我们需要一种重新进入自然的哲学》，引自《世界建筑》2012/05/263期）。

在这里，王澍深刻地解剖了中国传统建筑中的一些哲学和美学思想，体现在对自然材料的应用上。在这里，砖、瓦、陶片等会"呼吸"的材料，给建筑带来了不可或缺的"气"，与另一"活"的材料：木材，给中国传统建筑（不管多么简陋）带来了生命。没有它们，中国传统也丧失了至少一半。

前几年，中国忽然刮起了一阵批判、否定"秦砖汉瓦"的浪潮，以此来禁止黏土砖瓦在现代建筑中的应用，其理由是烧砖瓦所用的黏土，毁坏了大量农田，影响我国的粮食生产。究竟秦始皇和汉武帝何以要对我们这些不肖子孙担负起毁坏农田责任，则令人百思不解。

其实，秦砖汉瓦是我国建筑历史上的一大发明。早在秦汉时期，我国就能生产空心砖这样节约土源的产品。到了20世纪，我国还支援亚非拉一些国家生产出高质量的砖瓦产品（笔者2011年去尼泊尔，亲眼看到60年前我国支援的砖厂所生产的高质红砖，有了这种"中国砖"，加德满都得以建造楼房，以适应城市人口的大量增加）。可是在国内，我们城市大量使用的却是比两千年前祖宗生产的更落后的实心砖瓦产品。其原因不在技术的落后，而在于我们体制上的缺陷（我国的建材主管部门管不了乡村企业的产品，而主管乡村企业的部门只鼓励农民采土烧砖送到城市去"创收"，有的甚至用"回扣"来贿赂开发商和建筑公司，使大量国营砖厂破产），而我们的一些领导和部门却把责任推卸给"秦砖汉瓦"（其实如果采取一些政策措施，例如科学规划采土区，充分利用黄土、河泥等非农田资源；给乡村企业以资助，帮助他们生产空心产品；在城市边缘地区，采用王澍的"旧料回收、循环使用"；在结构设计上采用一些先进技术，既能发挥黏土砖瓦的"呼吸"作用，又能缩小其结构负荷作用等；是可以比简单禁止起更好作用的）。

由此也使笔者想起另一传统材料——木材——所遭遇的命运。由于人口剧增，建设任务日益增加，森林的无限制砍伐，到新中国成立初期，木材就很快成为稀缺物资而被自然"淘汰"。然而如果我们看一下其他国家，如加拿大、澳大利亚等国，他们对森林砍伐采取明智的限制措施，大力培植新品种，在建筑中试验各种节约木材（利用边角料、添加增强剂等）的技术措施，现在仍能在许多建筑中合理使用。

多年来，我国那种用"粗放"技术追求建筑数量，"吃光用光"，吃完就取缔的做法越来越显示其"非持续性"。到现在，我们的"土木工程系"以及"土木工程学会"等完全可以改名为"铁石工程系"，以及"铁石工程学会"。近年来，我国钢铁、水泥产量和产能猛增，以致需要大量进口铁矿石。是否有一天，也需要进口石灰石呢？〕

二、山水画与文人建筑

古代文人建筑留存至今的很少，但是我们可以从历代山水诗和山水画中看到它们的形象化描述。兹以山水画为例，我们现在能看到的山水画可以说从唐及五代开始。随着时间的推移，可以看到画家在描绘自然山水景色时，开始插入山居和人物（往往是旅途人物，但也有在屋内静居的）。这些多数是简陋的山居，却总是占有画中的"战略位置"，起着画龙点睛的作用。在大自然中，这些山居既显示了人的渺小，同时也显现了在画家脑中，人与自然交融的意境：由于人和山居的存在，山水都有了生命。在这些山水画中的建筑，有的是村落与民居，但也有很多却

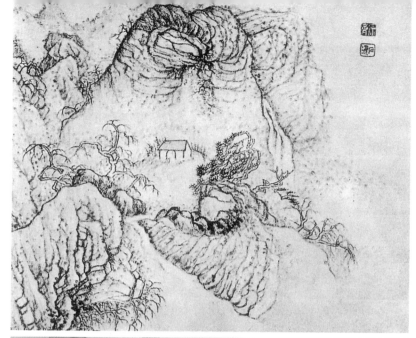

图 2-18 [明]石涛《山水画册》

图 2-19 〔元〕王蒙《具区林屋图》

肯定地属于隐士文人的建筑，表达了中国文人的自然观和建筑观。

笔者见到的带山居的山水画，最简捷明了的是明代石涛的《山水画册》中的两幅：

上幅所显现的是最原始的房屋，它可能是一位樵夫的"工作屋"，但下幅所示嵌入危岩的山居，却只能是一位隐居的文人所用。他的膝上可能是一具古琴，其琴声荡漾于山岭岩石之间，反映出人与自然的和谐。在这幅画中，文人建筑的灵魂被画家所捕捉了。

当然，文人建筑也不都是像石涛所作。我们前面提到的黄公望的《富春山居图》中出现的嵌在山谷中的居屋（见图2-7）简直可以说是谢灵运《山居赋》的写照。

这些文人建筑的描绘，还可见于其他不少画作。笔者所赞赏的是元代王蒙所作的《具区林屋图》（图2-19）：

画家用红色突出了山中的枫叶和建筑。在整个画面中，有高中低三处出现了三栋不同的建筑。放大来看，它们肯定不是普通的民居农舍，而只能出自文人之手。

这样的例子很多。我们可以说，如果要写一本《中国文人建筑师》的书，那么历代画家已经给我们提供了最美、最形象的插画。

以下附有从历代山水画中取出的建筑画，分为草庐、山居、凉亭三类，可以看到此类建筑的多样性。

1. 草庐

除石涛画外，明代唐寅的《西洲话旧图》最为典型（图2-20）。

2. 山居

除上面所举的王蒙画之外，历代画家的作品不可胜数（图2-21、图2-22）。

3. 凉亭

凉亭也是山居的一个组成部分，它既可以供樵夫和旅客休恬，也可

图 2-20　[明]唐寅《西洲话旧图》

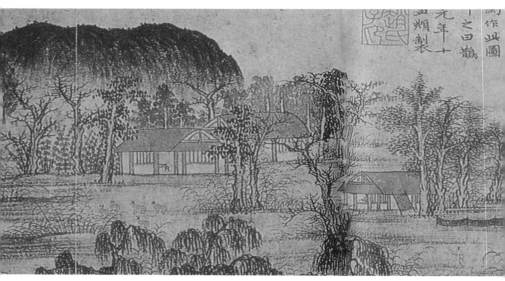

图 2-21　［元］赵孟頫《鹊华秋色图》(局部)

图 2-22　［明］吴彬《仙山高士图》(局部)

图 2-23 ［元］黄公望《富春山居图》（局部）

供隐士文人观景、聚会之用（图 2-23）。

三、中国文人建筑的主要特征

从以上简述，我们可以参照谢灵运的分类法，把中国传统文人建筑分为两大类：山居（包括岩栖）和丘园（包括城傍）。

今天，这些建筑（和园林）多数已经不再存在，有留下的也面目全非。幸运的是，我们仍然可以在屋主们所作诗文以及许多山水（以及园林）画中看到其实体与（更宝贵的）精神面貌。笔者特别受益于中国传统的山水画，因为那里面不仅画了自然景色，而且总要插入一些山居建筑（有的甚至把整幅画命名为"山居"——例如黄公望的《富春山居图》），这些建筑只占画面的很小一部分，其中的人物更是不仔细看就会忽略过去，然而在画家心目中，它（它们）却给画带来了生命（灵魂）。我们虽然见不到实物，却能从前人的诗画中阅读到古代文人的建筑的主要特征。

按笔者体会，中国传统文人建筑的主要特征有：

——建造目的：不是为了显示壮丽与权威（如皇家建筑），也不是为了家族的凝聚与集体生存（如民居建筑），而是追求一种高尚的生活情趣，追求一种美的意境。

正如前述，当他在事业上不得志的时候，他就隐退到大山大水之间；当他有官职而居住在京城或县城的闹区时，也要通过屋旁的人造园林把自然带到身边。这个特征，相当完美地综合表现在明仇英所画的《东林图》（图2-24）中，在这里：天、地、人、山、水、树、屋融为一体，这就是中国文人建筑之魂。（我们还可以看到，司马光在洛阳筑独乐园，因为看不到山，就建一个简易的"见山台"以达到他的愿望）。也就是说：屋主把与大自然融合作为建造的一个最基本的要求和条件。

——建筑特征：中国古代文人的生涯多数处于颠簸动荡的状态，极不稳定，因此他们的居屋从来不追求恒久。在物质上，其建筑都是就地取材（茅草屋顶、土墙木壁），然而又能充分利用环境的自然资源（例如背山朝日、开敞通风等），符合今日"生态建筑"的原理。在精神上，它通过风景、阳光、音响（雨雪）等与环境的交互而取得美的享受。这样，他们的"陋屋"，就通过诗画得到永生。

图2-24 ［明］仇英《东林图》

我们大可不必去寻找文人建筑的"典型"制式。它绝对没有官方建筑那种标准化、等级化的制约,也不受民居村落中道统的统治,而具有空前的自由感和灵活性。然而,我们在诗画中仍然可以看到一些共性存在:

● 它追求各种感觉效应(声光寒热和触觉)的齐备:在王禹偁的竹楼中,室外骤雨犹如瀑布,踏雪好比碎玉,棋声、琴声都在室内引起回响。这正是弗兰姆普敦所列举的"批判的地域主义"的一个主要特征。

● 它的堂屋总是对外开敞的(见明代唐寅《西洲话旧图》,图2-20)。一方面是为了屋主与自然的直接接触,同时也可与来访的亲朋好友在开放的美境中畅谈。

● 有的时候,它结合山势进行组合(见明代石溪《山高水长图》,图2-25)可以在山脚处水边设立凉亭,既可供主客在此饮酒钓鱼,也可供路人在此休恬,是一个半公共场所;沿山路而上,才到主人的堂屋,这是一个私密的空间,但仍可供主人与比较亲密的来客聚会。

笔者体会:在中国的三大建筑传统中,皇家建筑有其辉煌景观和精湛技术,它的追求壮丽意图是当今许多地方主官和开发商所追求的,但

图 2-25 〔明〕石溪《山高水长图》(局部)

是不应成为我们建设的主流；民居村落建筑因其自然性和聚合性有值得我们吸取的经验，应当尽力保护，不被"现代化"潮流所破坏。但毕竟时代不同，不可能照搬到现在。而文人建筑的天人结合、生态技术、追求意境的三大特色，却是我们今天应当继承和发扬的主流。

第三节　中国的建筑史能否区分风格时代？

笔者所读过的建筑史文献主要有：

——（美国）S.Kostoff：《建筑史，背景与仪式》（History of Architecture，Settings and Rituals，Oxford University Press，1995）；

——（美国）K.Frampton：《现代建筑——一部批判的历史》（Modern Architecture：A Critical History，Thames and Hudson，1980，1985，1992，2007）；

——（中国）梁思成：《图像中国建筑史》（英文原著，费慰梅编，梁从诫译，最早于1984年在美国出版，1991年由中国建筑工业出版社在国内出版，今版为百花文艺出版社2001年出版）；

——（中国）刘敦桢（主编）：《中国古代建筑史》（中国建筑工业出版社，1984年第二版）。

除了这几本外，还零星地读过其他一些，特别是陈志华、罗小未、楼庆西老师等的教材。

在阅读以上四本经典时，我发现：前三本都是按建筑风格的演变分期的，而第四本则是按朝代分期的，此后出版的中国建筑史的基本格式沿袭刘本。于是就产生一个疑问：中国古代建筑是否没有发生过风格上的变化？

梁公在《图像中国建筑史》中对中国古代木建筑分为豪劲（约850—1050年）、醇和（约1000—1400年）、羁直（约1400—1912年）

a. 唐佛光寺　　　　　　　　　　　　b. 唐斗栱

图 2-26　豪劲时期

三个时期；对佛塔则分为古拙（约 500—900 年）、繁丽（约 1000—1300 年）、杂变（约 1280—1912 年）三个时期。但他的这种分期法，在以后的文献中不见采用，也没有看到新的提法。

　　这种按朝代分期的做法，在其他艺术领域中也可见。例如文学领域，人们习惯于按汉赋、唐诗、宋词、元剧、明清小说等作"叙实"式的介绍，很少见到按风格分期的做法。

　　应当肯定，这种"叙实"式的写法在学风上是很严谨的，对培育后来者起很大作用。但另一方面，就笔者这样的"槛外人"来说，则又感到有所不足：

　　1）它给人一个印象，似乎中国古建筑（特别是木建筑）几千年来主要是一些构造上的变化，在风格、气质、个性等方面则很少涉及，以致容易给人们一个感觉：就是中国建筑（乃至中国历史）显示一个一个稳重但停滞的文化，缺乏欧美那样的剧变；

　　2）"叙实"式的写法缺乏一种批判性，特别是对一个时期的建筑作品的总的评价。在这一点上，有的前辈给我们开辟了很有价值的先例。例如，梁公就批评清代的皇家建筑"只是明代传统的延续……一切创新都被窒息了"，因而称这个时期为"羁直"（僵硬之意）。陈从周先生对清

a. 宋斗栱

b. 宋晋祠圣母殿

图 2-27 醇和时期

a. 清雍和宫

图 2-28 羁直时期（一）

b. 清斗栱

图 2-28 羁直时期 〔二〕

代造园，曾提出"率皆以湖石叠砌，贪多好奇"的批评。

应当说，这种重"叙"轻"论"的习惯，在其他领域也存在。我们看到钱钟书先生对宋诗中"爱讲道理、发议论；道理往往粗浅，议论往往那个陈旧，也煞费笔墨去发挥申说……"提出了尖锐的批评，但这样的例子不多。

当然，我国的艺术史（包括建筑史）文献注重叙实而回避批判，也有其客观原因。出现在欧洲的各种建筑（艺术）风格的变化，在发生的当时就有了命名，例如罗马风、哥特式、巴洛克、洛可可等，而中国的文化（特别是皇家文化）中却一再强调"师古"，即使是有新的创造，也隐晦不露。这样，就把许多事实存在的"匠人"心血连同他们的姓名都一齐给埋没了。正是如此，笔者很期望我国的建筑史学者，在保持和继承前辈的严谨学风的同时，也继承发扬梁公开拓的途径，对中国建筑史给予"质"的评价，探讨中国古建筑中风格以及精神气质方面的演变。

第四节　什么是中国最宝贵的建筑传统？

长久以来，关于什么是中国最宝贵的建筑传统以及如何继承发扬我国的建筑传统始终是建筑界最关注的问题之一。对"复古主义"和"形式主义"的讨伐使这个讨论一时销声匿迹，但是建筑需要有民族性的议题却无法噤声。国庆十周年的十大建筑重新点燃了建筑界对建筑传统的热情。刘秀峰提出的"社会主义风格，民族形式"的口号也为建筑传统的继承提供了合法论坛（何况斯大林就是"民族形式"的最坚定的提倡人）。但是，运动一来，"复古主义"的帽子又到处乱戴。只有在"文化大革命"被彻底否定后，中国建筑师才又有机会畅论建筑传统与其继承问题。

a. 苏州吴作人艺术馆　　b. 北京天宁寺综合楼

图 2-29　戴念慈晚期作品

有一次建筑学会组织去泰国考察，我和戴念慈先生同住一间旅舍，他每天饭前饭后都和我谈论建筑理论的问题。我记得有一次他说，"建筑风格需要大家来创造，有人反对传统，主张搞现代主义，我不反对，但是中国总要有人致力于继承发扬自己的传统。我就愿意做这样的人。"（大意如此，原话记不全了）

他的这段话给我印象很深。事实上，他的许多创作：从北京饭店西楼、中国美术馆、阙里宾舍、辽沈战役纪念馆都执着地贯彻了一个使中国建筑传统现代化的中心思想。在他创办建学设计所以后，他设计了苏州吴作人艺术馆和北京天宁寺综合楼等不太为人所知的项目，其实内中贯彻了他的许多新的探索。

[回忆片断

戴念慈先生在担任城乡建设环境保护部副部长以及建设部顾问（分工主管设计、科研和教育）期间，仍念念不忘他自己的建筑创作。他的办公室中始终放着一张画图桌。在1988年，他正式向部党组报告，希望能成立一个以创作为目标的设计所，得到部领导的支持，于是搭起以"建学"为名的"小而精"的班子，由邱秀文、沈芷珍等建筑师协助，几位年轻同志参与，就开始承接设计。

新中国成立以来，戴老的创作始终以文化建筑为重点，也承担过一些高级宾馆（如北京饭店西楼、阙里宾舍等，仍是"文化味"很重的）。但是，成立"建学"以来，他放开了路子，各种建筑（住宅、别墅、写字楼、体育场馆等）都愿意承担，从中探讨"中国传统现代化"的多种道路。就笔者所知，有几个项目值得注意。

第一个例子是北京天宁寺小区的综合楼（位于广安门外大街）。这个住宅小区是一个兄弟设计院为祝贺"建学"的成立转让给建学设计所的，所以在总体布局和单体设计方面，很大程度上沿袭了以前的设计，只是在综合写字楼的设计上，戴老"小动牛刀"，作了一些"传统创新"。

今天广安门大街已经拓宽，成为北京内城三大东西道路之一。然而，当您乘车经过这条大街时，不能不感到沿街建筑的贫乏无味。在笔者看来，"耐看"的就是戴老的综合楼以及后来由崔恺院士设计的丰泽园饭店。戴老的设计已经建成将近20年（近年经过外粉刷，面貌一新），与那些玻璃幕墙的方块建筑对比，显示出其魅力，特别是正立面中央突出部分，提示了天宁寺塔密檐结构的韵律，富有"京派"的地域特色。

据笔者所知，有人不喜欢这个设计，提出要做大的变动，但两次都被首都艺术委员会的张镈总建筑师打回去了，给我们留下了一个值得赞赏的、既不豪华、又有一定"纪念"性的"母体"建筑。

第二个例子是北京法华南里住宅区的改造设计。这是当时北京市领导点名要戴老负责规划设计的一个"老城区住宅改造"项目。戴老对此十分重视，他召集林志群和笔者，要我们组织一个班子搞社会调查，要一家家统计：人数、收入、现在居住面积等，用电脑记录、整理，后因实施太困难而难产。戴老的设计思想始终是要改善现有居民的居住条件，与开发商和地区领导产生了矛盾，最后的争执集中在有多少人"回迁"的问题。戴老主张设计两种住宅：一种是给回迁户设计的低标准住宅，另一种是高层的商品房，让开发商有钱可赚。对于回迁房，他专门设计了一种低层高密度的"四合院"式住宅：东西南北四个朝向都有。由此就掀起了一场风波。许多设计人员也对此摇头，认为在北京西向和北向住宅不会被人接受。戴老说他为此度过了好几个不眠之夜，最后仍然坚持原意，说只要在价格上有区别，人们还是会接受的。种种分歧使设计简直无法进行。戴老提出开一次会，让他在会上"畅所欲言"，说完后你们决定，爱怎么办就怎么办。他为此反复阅读了恩格斯的《英国工人住宅问题》一文，在会上做了长篇发言。笔者没有参加这次会议，当时好像也没有记录，更没有录音。

有意思的是，北京市领导听了汇报后，竟决定"完全按戴老意见办"。戴老也作了妥协，回迁户按30%考虑，仍采用他的"四合院"模式。这个项目后来得了北京市的住宅设计奖，据说那些低层高密度的房子也都卖掉了，实际回迁率不到10%。此后，也没有人敢再请戴老设计住宅了。

第三个例子是某开发商要在山东烟台建一批高级别墅，来委托戴老设计。戴老欣然接受，说我可以设计一种中西合璧的别墅。他精心推敲，设计了多种式样和装饰均不同的别墅建筑。后来中国建筑学会有人去烟台，听说这位开发商破口大骂，不喜欢这些设计。再后来笔者见到北京市的柯焕章先生，他告诉我在烟台见到那位开发商，也说不喜欢，柯总严肃地告他：戴老的设计一定不能修改。据说建成后卖得还不错。

笔者始终不知道那位开发商反对的是什么。但据笔者所见，国内现在很多"别墅"是"批量生产"。一个区内的"别墅"都一个式样，像兵营式排列。甚至中国到迪拜去建造的"别墅"也是这样。当然这种成批生产的"别墅"不会欢迎戴老的那种"个体"生产模式。

第四个例子是苏州的吴作人艺术馆。这是国画大师吴作人（苏州人）夫妇向苏州市捐赠自己的画作而修建的小型展览馆，建筑面积仅700多平方米，请戴老设计。苏州市对这个项目非常重视，专门提供苏州名胜双塔脚下的一片土地，希望能建造一个"新的名胜"。戴老对这个他生前最后一个项目十分重视。700多平方米的建筑，施工图竟达300多张。可惜未等完工，戴老就与世长辞了。2013年6月，笔者专程去苏州访问该馆，期望能理解戴老用300张图设计700平方米馆的奥妙。此行最大收获是理解到一位大师对"平凡"的刻意追求。晚年能领会这点，余生无憾矣！]

像戴老那样执着地追求中国民族传统的建筑师其实大有人在。吴良镛先生就是突出的一位，他的菊儿胡同与江宁织造府是把传统与当代人民生活结合起来的范例。

张锦秋又是一位。她在清华大学师从于梁公多年后，来到古都西安，立志于振兴西安的古都风貌。我与她在西北设计院同单位多年，开始由于多种原因她很少有机会发挥。我在离开西北院时，知道她正从事市中心南大街的改造。几年后我有一次出差到西安，利用晚上时间去现场，看到已建成的"唐风再现"，有说不出的感动。以后她接二连三地做出了一批设计，使人们知道原来在北京许多明清建筑之外中国古典建筑的丰富性。以后在黄帝陵的设计中，她又探索了"汉风"的继承和发展。她对发扬中国建筑传统作出了突出的贡献。

这是众多中国建筑师孜孜以求的努力。从吕彦直（南京中山陵）、林克明（广州中山纪念堂）、董大酉（西安人民大厦）、赵深（上海青年会）等开始，继有华揽洪（北京儿童医院）、张镈（北京民族文化宫）、张开济（北京天文馆）、杨廷宝（北京和平宾馆）、冯纪忠（上海松江方塔园）、关肇邺（清华大学图书馆）等的创作，再有马国馨（北京亚运会建筑）、戴复东（胶东北斗山庄）、程泰宁（浙江美术馆）、布正伟（重庆航站楼）、崔恺（北京外语教学与研究出版社）等的发展，中国特色的建筑已经载入史册，无可磨灭。

图 2-30 江宁织造府（吴良镛设计）

a. 陕西省博物馆

b. 黄帝陵祭祀堂

图 2-31　张锦秋设计作品

然而，笔者仍感到，在实践上取得巨大成绩的同时，我们在理论上还可以做更多的探讨。而这个工作，只有中国的建筑师和建筑学者才能胜任。

戴老在世时，曾经发动和参与过传统的"形似"和"神似"的讨论，可惜因各种原因，没能进一步深入。例如对于"神似"，我们要追求的是什么样的"神"？中国建筑传统的"神"表现在何处？等等，似很有深入探讨之价值。

2005年，在机械工业出版社的赵荣编辑的鼓励和帮助下，笔者写了一本《特色取胜——建筑理论的探讨》一书。正如其前言——《我们输在哪里》所提出的，这是从外国建筑师几乎垄断了中国大部分新建重大项目的忧虑出发的。当然，一部分业主、开发商、地方官员有"崇洋媚外"思想是一重要因素，但我们不能把责任全部推给他们。笔者痛感，原因之一是我们建筑理论建设的薄弱。

《特色取胜》是笔者的读书笔记，叙述自己的一些学习体会。笔者感到：建筑传统（和一切文化传统一样）产生于本地、本时的物质和人文资源。优秀的传统就出自对这些资源（山水景观、飞鸟走兽、阳光雨露、树木阴影、土地肥瘠、人际关系、文化遗产等等）的最佳利用。千万个诱人的中国农村村落就产生于这种巧妙的利用，它们组成了中国建筑传统的"母体"，也培育了千千万万个建筑匠人——鲁班。壮丽的皇家建筑是这些匠人们创造的结晶。

[在写《特色取胜》的时候，笔者还没有充分意识到中国文人建筑师和文人建筑（园林）的重要作用。这是在几年后，当笔者开始写《中国古代建筑师》时才体会到的。]

从对建筑传统来由的认识出发，笔者接着体会到中国最宝贵的建筑传统是什么？答案是："以贫资源创造高文明"。

也有的学长对这个结论表示怀疑，认为中国的贫资源是在大规模的工业建设之后才出现的。历史上并不都是"贫"的。

对此，笔者又进行了学习，加深自己对这个问题的理解。看来，中国作为一个农业国家，自古以来土地和水是最重要的资源，而由于人口的不断增加，土地始终是一个稀缺资源。殷人几次迁都都是发生于土地问题。根据有关资料，中国从公元2年到1887年，耕地面积增加为2.4倍，而人口增加为7.2倍，说明中国是靠农业的精耕细作和技术改进来维持人口的增长，而不是靠资源的丰富（见张钦楠：《有关创造特色的几个理论型问题探讨》，引自《现代中国文脉下的建筑理论》，中国建筑工业出版社，2008年）。

不论如何，如果我们用中国的历史建筑与欧美同时期的同类建筑相比，除了建筑材料不同（中国以木为主，欧美以石为主）外，在建筑寿命、装饰和使用标准上都要低廉，但在艺术水平和建筑意境上则毫不逊色。

我们的建筑要立足中国，立足世界，决不是靠与别人比豪华、比"壮丽"，不是靠用大量钛合金去覆盖一个"大剧院"，更不是靠用11万吨钢材去修一个除"奇观"外没有用途的"鸟巢"，而是以过去和今日的用"贫资源建造高文明"去赢得尊敬。而在这方面，中国传统的民居和文人建筑，可以提供我们更多的启示。

第五节　如何理解和评价欧美的后现代主义？

在1980年代初期，当中国决定从"革命"转向建设，开始实行改革开放之际，中国的建筑师以满腔热情投入现代化建设。在建筑领域，他们期望从欧美发达国家吸取"现代建筑"的经验（请注意笔者回避使用"西方"、"东方"等字眼，因为这种用地理概念来概括社会制度和文化意识的做法是不科学的。从社会制度来说，日本、印度等东方国家是否应当算是"西方"呢？），却惊奇地发现，这个"现代建筑"从理论到实践已被人宣判了"死刑"，而一种被称为"后现代主义"的思潮却甚嚣尘上。

　　宣判"现代建筑"死刑的判官是美（英）国的学者查尔斯·詹克斯。他在 1977 年出版的《后现代主义建筑语言》一书中宣布"现代建筑"于"1972 年 7 月 15 日下午 3 时 32 分在美国密苏里州圣路易城死去"，那是因为当地对曾经得到过建筑设计奖的普路特－伊戈住宅区因暴力活动和建筑破坏严重而决定炸毁。应当承认，当时在欧美国家，此类事件不止一次发生。造成的原因是多样复杂的，主要是社会原因，但也不排除有规划设计上的问题。有一本由简·雅各布斯所著的《美国大城市的死与生》（Jane Jacobs，Death and Life of Great American Cities，Modern Library，1961）中，对此做了深刻的分析。

　　尽管詹克斯的"宣判"带有"哗众取宠"之意，但不可讳言，从 20世纪初随着欧美国家工业化的发展而兴起的"现代建筑"，也确实到了需要回顾反思的时刻了。物极必反，盛极必衰。本来在现代主义队伍中就

图 2-32　被炸毁的普路特－伊戈住宅区

始终存在着分歧和争论（参见 K·弗兰姆普敦《现代建筑——一部批判的历史》），现在则被一批当时还不甚知名的一代"叛逆者"所挑战。

当时，这些"叛逆者"（以文丘里夫妇、莫尔、格雷夫斯为代表）拿出的设计带有故意挑衅的性质，人们（包括他们自己）把其"作品"归纳为"机智、装饰、参照"三大特点。所谓"机智"，指的是故弄玄虚，对现代主义的一些"圣典"手法故意歪曲扭曲；所谓"装饰"，是对现代主义的"装饰是罪恶"论的直接反叛，背其道而行之，大搞特搞，并且主张把街道上的商品广告和赌城的招牌形象都搬过来；所谓"参照"，是与现代派的反历史主义唱对台戏，把许多历史模

图 2-33　波特兰大厦（M·格雷夫斯设计）

式如柱头等夸大地引入立面……这些手法，多数流入低俗。因此，从一开始，"后现代主义"在中国就不甚为人接受。直到它从美国流入欧洲，出现了像斯特林、罗西这样比较严肃的"后现代派"才受到重视。

（笔者在组织国外建筑师讲座时就注意回避邀请后现代派。有一次在上海同济大学的宴会上见到詹克斯，还向他解释了自己的立场。笔者认为中国改革开放才开始，我主张逐步来，首先应当深入了解现代主义的学说和手法，然后再了解出现的争论。他表示理解。我以后还见到詹克斯一两次，发现他比较友好热情，不像他著作中那样偏执。）

笔者对斯特林和罗西等欧洲"后现代派"的理论和作品深为欣赏，曾经考虑邀请斯特林来华演讲，并支持窦以德先生编译斯特林的专刊。斯特林也欣然接受邀请，只是后来发生的一些事件使他推迟了访问。几年后，他又重新接受邀请，但不幸在行程之前突然因心脏病发作而去世。

事情过去了近20年，在全球化的推动下，今天中国的建筑界已大不相同，出国留学、进修、考察、旅游观光的日益增多，引进和翻译国外名著也日益增多，乃至许多外国知名建筑师直接带着自己的作品进入中国。前几年，中国还出版了由国内名家编撰的《后现代主义建筑20讲》（以下简称《20讲》），这也是中国建筑界走向成熟的一个标志。

最近，笔者同时看到两本关于后现代主义的新书：

——查尔斯·詹克斯著：《后现代主义的故事——建筑学中嘲讽性、肖像性和批判性的50年》（英文版），美国John Wiley出版社，2011年（以下简称《故事》）。

——霍尔格·奥特洛·派罗斯著：《建筑学的历史转折点——现象学与后现代的兴起》（英文版）美国明尼苏达大学出版社，2010年（以下简称《转折点》）。

图 2-34　斯图加特美术馆（J·斯特林设计）

连同我国自己出版的"20 讲"图书，以及近期大量出版的关于第三次工业革命的著作，引起笔者的思考和疑问：现在世界（包括建筑世界）是否已经进入一个"后现代主义"的时代？

在《故事》中，詹克斯承认，到 20 世纪末期，曾经显赫一时的初期后现代派的继承者因作品的低俗而逐渐被公众抛弃，但是到世纪转换期，后现代主义又以更大的规模和动力卷土重来，特别是以盖里为代表的"肖像建筑"（iconic architecture）更为流行。他认为，这种背离"原教旨"现代主义的趋势实际上是从现代主义四大创始人之一 ——勒·柯布西耶的朗香教堂就开始的。他把后期出现的诸多新流派（如现代派的"双规范"、全球性多样化、激进折中主义、对立点文脉主义、后现代古典主义、表现性绿色建筑等），特别是以"毕尔巴鄂效应"为代表的肖像建筑都列为"后现代主义"的新表现。在这一点上，它与"20 讲"图书的基本观点相似。后者把 1960 年代以后出现的各种流派，包括以前人们称之为"晚期现代主义"（late modernism，笔者对这一译法始终抱怀疑态度，似应译为"近期现代主义"）也都列入"后现代"行列。与当今盛传的第三次工业革命相提，使人感到是否一个"后现代主义"的时代已经来临？

《转折点》一书则是另外一种说法。现将作者（美国哥伦比亚大学助教授）书中一段话摘译如下：

> 在 1960 年代早期，战后年轻一代的建筑师抓住了一个观念：即建筑学应当参与从社会现实的约束中解放人文经验的事业。他们成长于战后西方现代主义兴起的年代，把禁欲的机制化美学视为一种压迫性和封闭性社会秩序的代表。他们认为在工业化过程中，个人经验被贫困化了，他们对现代主义对技术的崇拜并视之为人类解放的驱动器感到失望。在激进地与现代主义的意识形态决裂后，这一代建筑师的部分成员寻求把现代建筑的未来建立在前现代的过去的基地之上。为了实现这一方向性的转变，他们不得不将现代主义的指导思想从空间和形式等抽象概念转移到历史和理论的新观念。他们把"技术推动历史"的信念抛弃，而引进"建筑历史是由对真实的、原始的人文经验所推动"的意识。……

作者认为这种新意识（他"回顾性"地命名为"建筑现象学"）并没有通过哪一集团或哪一宣言公布，而是许多建筑师和理论－历史学家的集体成就，其中他特别提到两名建筑师（J·拉巴图特与 C·莫尔）与两名理论家（挪威的 C·诺伯格－舒尔茨——"地方精神"的提倡者和美国的 K·弗兰姆普敦——"批判地域主义"的倡导人之一）。他把这种新概念的核心内容概括为"智性、体验和历史"（intellectuality，bodily experience and history）。早期现代主义只承认智性（科学理性），而否定个人经验（包括感情）和历史，而新观念则要恢复后两者的作用。这就是他所谓"转折点"的要害。

笔者水平有限，无法判断世界是否已进入"后现代主义"（至少中国还处于实现"现代化"的时期），更没有资格论说国际建筑界的各种新趋势是否都可以纳入"后现代"的范畴，但是笔者赞同当今的建筑创作和阅读欣赏应当综合科学理性、人文经验（包括感情因素）以及历史遗产。在这一点上，现代建筑的创始人柯布西耶为我们提供了卓越的榜样，但是未必有人会给他带上"后现代"的帽子。或许我们仍然应当采纳哈贝马斯"进行中的现代性"的说法？

第六节　如何理解当今的非理性建筑？

这里所说的"非理性建筑"，是指 20 世纪后期出现的一些故意设计成古怪的，让人无法理解、无法解释的外形的标志性建筑（或建筑群）。吴良镛先生称之为"畸形建筑"。詹克斯则美其名曰"肖像建筑"。

其实"肖像建筑"就是"标志建筑"，自古以来就有。当今出现的很多此类建筑的特点就是其"非理性"。

据笔者所知，这种"非理性"的一个开端是 1982 年由瑞士建筑师 B·屈米在国际竞赛中取胜的巴黎拉维莱特公园中的现代雕塑式的"疯狂物"（les follies）群体。它们布置在一个"理性"的方格网中，却各自呈现出奇形怪状的、鲜红色的钢架结构，有的像未竣工的房屋、有的又像被废弃的拖拉机……而这群"非理性"的怪物却紧邻公园边上同是"密特朗大工程"的国家科学技术馆，形成鲜明的对照，似乎在对刚从科学馆参观出来的访客启示：我们的宇宙中还存在着我们所未知的巨大的"非理性"领域。

应当说，这是世纪末人们所共有的一个观念。从工业革命开始的现

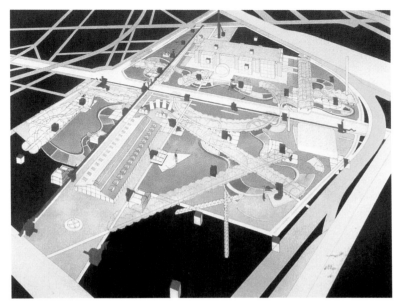

a. 巴黎拉维莱特公园平面图

b. "疯狂物"之一例

图 2-35　B·屈米设计作品

代化过程，促成了人类文明与文化的巨大进步，但与此同时，各种战争始终没有停息，军备竞赛有增无减，生态破坏日益严重，全球变暖的威胁日益明显，社会贫富差距到处存在，癌症等疾病依然在残杀从老年到少年的人群，不论穷国富国都经常要经受各种经济和金融危机、造成失业和贫困……。人们对宇宙、对地球、对我们生活的社会知识还存在一个巨大的未知世界。这种意识在艺术领域经常出现（如达利、毕加索的绘画），也必然会在建筑中表现（如在高迪的建筑中）。

在世纪转换期，表现这种"非理性"最有代表性的建筑师莫过于美

a. 望远镜餐厅

图 2-36　F·盖里设计作品（一）

国的 F·盖里。因此，我们不妨对他的创作途径作些分析。

他出生于 1929 年，在 1950 年后期就在加利福尼亚州圣莫尼卡以奇特的设计初露头角。笔者曾经在洛杉矶参观过他设计的洛尧拉（Loyola）法学院，在这里他通过许多"欠缺"表现了罗马（民法的产生地）废墟。他当时的设计多数是小项目（餐厅、展览馆之类），喜欢做与建筑物同样大小的"非建筑"（如望远镜、鱼等），与建筑物并列。他特别钟爱鱼，认为是生命的象征，"鱼的尺度美胜过希腊柱头"。

此后，他开始用"形似"的手法来扭曲建筑，例如在捷克布拉格市

b. 琴球与弗雷德公寓

图 2-36　F·盖里设计作品（二）

c. 体验音乐

图 2-36　F·盖里设计作品（三）

郊设计了模仿美国 20 世纪 20—30 年代明星舞姿的"琴球与弗雷德"公寓。此后，他更频繁地使用曲线和象征的手法，突出的是在美国西雅图为纪念摇滚舞而设计的"体验音乐"建筑。在这里，他使用鲜艳彩色的金属曲面外壳来象征流态的音乐，但在屋顶上仍设置一个扭曲的小提琴。

再以后，他的设计就完全走向抽象的、"非理性"的表现。他成为国际明星的作品是 1991—1997 年建于西班牙毕尔巴鄂市（人口 50 万）的古根海姆博物馆。它的外壳全部用钛合金曲面组合，由引进的飞机设计电脑软件生成，其整体外形是"非理性"的，可以由人们随意解释。它沿河设置，长条形地起伏，中间像花朵般略为竖起一簇。有人说它像一艘破旧的船（场址原来是个船坞），也有人说它像是个玉体横卧的少女，诸如此类，层出不穷。

这个博物馆的建成使盖里声名大振，人们称之为"毕尔巴鄂效应"。据詹克斯介绍，它的总造价为 1.24 亿美元，建成后 10 年内每年访客达

a. 毕尔巴鄂美术馆外观

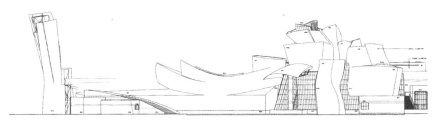

b. 毕尔巴鄂美术馆剖面图

c. 毕尔巴鄂美术馆及联想

图 2-37　毕尔巴鄂美术馆，
F·盖里设计

100万人，10年收入达16亿美元，同时为当地创造就业机会4232人。于是找盖里设计"肖像建筑"的城市陡然剧增。笔者在纽约古根海姆博物馆的盖里作品展上惊奇地看到美国几乎所有中等以上的城市都请他来做博物馆设计（注：当今博物馆、图书馆等文化建筑已成为一个城市的主要标志）。他大约穷于应付，有的次要城市的设计方案只是在方盒子顶上加一个钛合金的"蝴蝶结"了事。

在这种追求"毕尔巴鄂效应"的热潮鼓动下，"非理性"建筑一时大为流行。除盖里外，英国的哈迪德、波兰犹太裔的李布斯金德、奥地利的库普·希墨布劳（又译"蓝天组"）、荷兰的库哈斯等，也各有创造，各有特色。他们的设计往往是理性与非理性的结合，所以用詹克斯的"肖像建筑"的称呼，也可能更为恰切。

在这里，笔者要引述詹克斯的一段话：

> 常规的纪念碑如金字塔和带穹顶的教堂具有常规的肖像术，从而具有两种可能发生的问题：它们很快地老化，它们所参照的肖像很快被超越。对此的答案是一种新的战略：把肖像建筑设计成神秘的象征物（enigmatic signifier）。它们的意义必须是多样性的，与隐喻混合，带有一种妄想性的负荷，更重要的，要带有多种有意义的和性感的提示。

这段话道破了天机：就是要使"肖像"长久，就把它设计得"神秘"（非理性），越"神秘"越"耐久"。

笔者认为：对"理性"与"非理性"，我们需要从理论上进行探讨和认识：

一，一般认为，"理性"是指可以用科学的方式进行理解和阐释的事物，而"非理性"则是指人们不能（至少目前还不能）用科学的方式来理解或阐释者。简单化地说，"理性"的事物一般具有规则性（人们可以掌握其发生和发展的规律），而"非理性"者则往往是"无规则"，或人们不能（或目前还不）掌握其发生和发展的规律者。

二，在建筑中，"理性"建筑通常被理解为其外形具几何形状的、有规则的立方体（有的还要求具有对称性、合理的尺度，以及常规的比例关系等），其内部空间也要根据功能要求具有规则性；而"非理性"建筑正好相反，它们的形状是非几何形的、不对称，尺度和比例违反"常态"，内部空间的设置和布局也往往不符合常规要求。

按一般常规，人们似乎更倾向于"理性"的规则性的建筑布局和单体，它们给人以一种安全感和稳定感，同时也往往给人以一种和谐的美感。然而在实际上，我们却经常大量地遇到"非规则"性，例如，许多古城镇和村落，都是自然成长，并不遵守轴线对称、方格网道路、中央广场等"理性"规律，美国建筑评论家柯林·罗在《拼贴城市》一书中就对照了现代建筑大师柯布西耶的"光辉城市"等方案与欧洲一些古城镇的总平面（下图）。我们当然肯定前者具有很大的"理性"，但仍然显得过于"简单化"，比不上传统城镇的丰富多彩。同样的批评也存在于尼迈耶的巴西利亚，人们认为它过于机械地执行了"功能分区"的方针。

至于许多"理性"建筑和城镇流于庸俗的"千篇一律"，则更是为人们所唾弃。

三，长期以来，人们对大自然怀有敬畏的心理，很多自然现象对我们来说似乎是"非理性的"，至少是无规则的，不能用线性几何来描述的。例如：自然的海岸线从来也不是直线的，山岭从来也不是锥体的，至于气候的变化更令人捉摸不定。然而，人们却陶醉于自然美，在建设城镇和村落时，人们遵循自然地形、家族或邻里关系而形成紧密的团簇。只有像埃及法老、中国皇帝或罗马教皇才凌驾于自然之上，追求以人造的"理性规则"来显示自己的威权（萧何所谓"非壮丽无以重威"）。到 20 世纪初现代主义抬头以后，在城市规划和建筑设计中，理性主义更取得优势。这里存在两种美学：自然美与理性美。在欧洲园林中，我

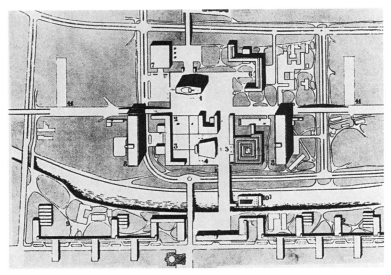

a. 勒·柯布西耶的现代城市平面

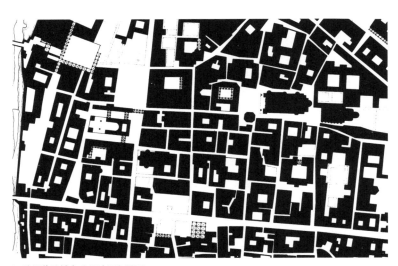

b. 欧洲传统城市（圣迪耶）平面

图 2-38　柯林·罗与勒·柯布西耶的现代城市与欧洲传统城市的对照

们看到有法国式的规则型（如巴黎凡尔赛宫）与英国式的"风景如画"（picturesque）两者并肩齐驱。在很多场合，如中国的圆明园和文人园林中，我们看到"理性"的建筑与"自然"的园林的美妙结合。

四，20世纪60—70年代以来，兴起了一门新学科：混沌学（Chaos，笔者是从石学海学长处首先学到这个名词的）。它专门研究这些看来是没有规则的自然和社会现象，如海岸线的弯曲、气候的多变、物价的波动、人口的增减等，试图在这些似若"非理性"的现象中找到一些理性规律。最初，这些学者很受正统学派的歧视，但是他们的研究却取得了成果。他们给这些我们日常遇到的非规则性现象赋予一个新名词，叫做"分形"（fractal）。他们用一些非线性公式对物价和人口的波动做了探讨，找到了一些可以引起"骚动"的参数，划清了"理性"和"非理性"的分界线。他们制作了一批图像，给人们启示了非规则型图像（如海岸线）中的非线性规律。例如科赫曲线（Koch curve）就是从一个从正规三角形出发，在其每边中央加一个小三角，如此类推，就形成了一个类似海岸线的"分形"图形（图2-39）。

应当说，混沌学家的努力取得了相当的成果，但是仍然未能完全地解释自然世界，也未能完全征服"非理性"世界。相反，他们的研究还提出了许多新课题。例如，在数学家门德布洛（Mendelbrot）所制作的组图中，你可以在大方格中任意切割一个小方格，把它放大，就得到和原来大方格中完全一样的图像，如此可以循环到无穷（图2-40）。在这里，"理性"与"非理性"纠缠在一起，给我们做出的提示是：这就是我们面临的处境，这种"理性"与"非理性"的共存，将长期存在，甚至可以说永远存在。

据笔者理解，混沌学者的成就，就是在一些看来是"非理性"的现象中找到了一些规律。但是，这些规律又不同于我们所习惯的"线性"规律，以致我们可以说：这些"非线性"规律扩大了我们对"理性"（客

图 2-39　科赫曲线

观）世界的认识。笔者相信，人类社会的发展，知识的扩大，"理性"认识的范围必然不断扩大，但人们始终会面临一个庞大的"非理性"存在，并且永远会有新的"非理性"被发现，它告诉人们：对"理性"的探索永远不会终止。我们在不断致力于"理性"的探索同时，也可以适当地吸取一些似若"非理性"的自然因素（例如英国的如画景观）来丰富我们的设计。

五，从建筑领域来说，对"非理性"建筑要分析，不能一概肯定，也不宜一概否定。笔者对屈米的"疯狂物"较为赞赏，因为它与紧邻的"理性"的科学馆并列，有推动人们进一步追求真理的启示意义。同样，笔者在美国麻省理工学院看到盖里设计的斯泰塔（Stata）中心（图 2-41b，供该校电子系用），其外形十分奇特，但友人告知说科研人员很喜欢在其中工作，认为可以激发创造性思维。对毕尔巴鄂博物馆，笔者也认为它的外形虽然奇特，但相当优美，对一个文化建筑来说，也未必不能应用，但把这一手法到处运用，则必然流于俗套。

六，"理性"与"非理性"不能光看其外形。例如在北京，近年来建造了不少外国建筑师的作品，引起很多争论。笔者本人也当然有自己

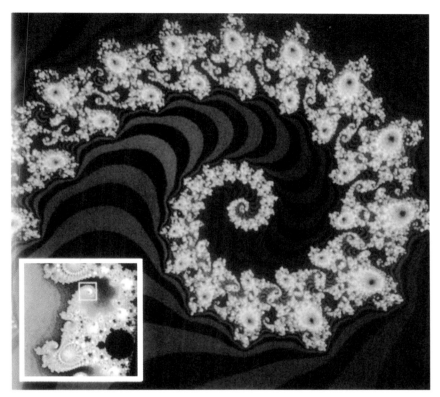

图 2-40　门德布洛（Mendelbrot）组图

的看法。例如，对国家大剧院，从其圆穹形的外表看，似乎可以说是"理性"的，但它把 3 个互不相关的演艺建筑挤在一个有限的空间内，把它们压入地下（笔者在其中观看过芭蕾，坐在第一排却看不到舞台全貌；也听到别人讲起音乐厅二层座位的拥挤）；相比之下，在洛杉矶的迪士尼音乐厅，坐在最高的位置，其音响仍然美好（据说每个座位均好），尽管它的外形是"非理性的"，但内部设计却非常理性，远超过一些"理性"的大剧院。

a. 洛杉矶迪士尼音乐厅

b. 麻省理工学院斯泰塔中心

图 2-41　F·盖里设计作品

总之，笔者认为：从哲学上来说，理性与非理性始终是一对"对立物的统一"，永远存在。人类在与自然界的交融以及本身的纷争中学习，不断增加理性知识，但仍然始终面临一个"非理性"的世界，需要我们不断地探索和转化。认为人类已经达到"理性"的"顶峰"，再也没有什么"神秘物"可以骚扰我们了，是不现实和不可能的。既然如此，在建筑领域出现一些"非理性"的作品，也没有什么可怕。我们不必顾虑它们会"泛滥"，和早期的"后现代主义"一样，它们自身也隐含了某些会自动消逝或转化的因素，从而让位于新的挑战。即使是盖里，我们在他为中国国家艺术馆的三轮方案的变迁中，也可以看到他正在摸索新的道路。

第三章 建筑师

第一节 建筑史与建筑师

问：建筑史是谁写的？

答：是建筑师。当然还有圬工、木工、园工……和相应的官员，但建筑师是主要的，他是"乐队"的指挥。

a. 米开朗琪罗 b. 帕拉第奥

图 3-1 米开朗琪罗与帕拉第奥画像

下面是笔者从 Spiro Kostoff 的《建筑史》中摘取的部分资料：

	建筑	年份	建筑风格及主要特色	建筑师
第一部分 古代	古埃及：佐塞金字塔	公元前 2650 年	（最早的金字塔以及模数制的早期应用）	伊姆霍特普 (Imhotep)（相当于宰相地位）
	古希腊： 雅典卫城－帕提农神庙	公元前 447—前 432 年	（规则型柱式建筑与非规则型自由自在建筑的并列）	伊克梯昂与卡里克洛特斯 (Iktions & Kallikrotes)
	伊瑞克提翁神庙	公元前 421—前 405 年		卡里克洛特斯 (Kallikrotes)
	古罗马： 尼禄王"金屋"	公元 120—127 年	（大圆穹天顶的早期应用）	塞维勒斯与塞勒 (Severus & Celer)
	万神庙	公元 118—125 年	（一个帝王对现世人生价值的探求）	哈德良 (Hadran)（皇帝）与建筑师
	哈德良别墅			哈德良与建筑师
	君士坦丁：哈吉亚·索菲亚 (Hagia Sophia)	公元 532—537 年	拜占庭风格（浮穹顶作为奉献给"知识"的殿堂）	安特密奥斯与伊西多里斯 (Antemios & Isidores)
第二部分 中古（中世纪多数建筑无建筑师名）	意大利：比萨大教堂	公元 11 世纪	罗马风风格（罗马风的最高成就）	布斯克托斯 (Busketos)（生平不详）
	法国：圣但尼斯教堂	公元 1144—	哥特式风格（数学比例的精确应用）	苏热 (Suger of St. Denis)（教堂主持人）
	英国：格罗彻斯特大教堂	公元 1337—1367 年	后期哥特风格（以线性的"垂直风格"抵抗曲线手法的滥用）	弗尔图埃 (William Vertue)

续表

	建筑	年份	建筑风格及主要特色	建筑师
第三部分 文艺复兴及以后	法国：枫丹白露宫	公元1528—	意大利手法主义风格（与法国民族传统的混合）	勒·布里顿 (Giles le Briton)
	伊斯坦布尔：苏莱曼清真寺	公元16世纪	穆斯林风格（以清真寺为核心的穆斯林综合社区）	锡南 (Sinan)
	威尼斯：圣马可广场	公元1537—	意大利文艺复兴后期风格（庆典式城市广场的最完美范例）	桑索维诺 (Jacopo Sansovino)
	救世主教堂 (Il Redentoire) 及其他	公元1576—1580年	意大利文艺复兴后期风格（"现代的公民庙宇"）	帕拉第奥 (Andrea Palladio)
	罗马：坎皮多里奥广场	公元1537—1554年	意大利文艺复兴后期风格（在城市中创造一种有动力感的视觉秩序）	米开朗琪罗 (Michelangelo)
	四喷泉圣卡洛教堂	公元1665—1667年	罗马巴洛克典型	波罗米尼 (Borromini)
	梵蒂冈：圣彼得大教堂与广场	公元1505年开始	文艺复兴和意大利巴洛克风格（延续两个世纪的努力，缔造一个象征天主教精神的"谨慎、严肃、保守"的群体）	德拉·波塔、米开朗琪罗、伯拉孟特、贝利尼 (Giacomo delle Porta, Michelangelo, D. Bramante, Bellini)

续表

建筑	年份	建筑风格及主要特色	建筑师
法国：			
旺多姆广场	公元1678—	法国巴洛克风格 （法国"伟大世纪"的产物；以住宅围绕的城市广场）	J·哈杜因-芒萨（J.Hardouin-Mansart）
荣军院穹顶	公元1680—1691年	（意大利风格开始让位给法国民族风格）	J·哈杜因-芒萨
卢浮宫东翼	公元1667—1670年	（法国古典主义民族风格的胜利）	勒·沃，佩劳，勒·布鲁恩（L. le Vau, C. Perrault, C. LeBrun）
凡尔赛宫	公元1660—	（一座体现法兰西辉煌的"皇家城镇"）	J·哈杜因-芒萨，勒·诺特等（Hardouin-Mansart,le Notre…）
英国：			
圣保罗大教堂	公元1675—1710年	新哥特风格 （中世纪、古典、巴洛克风格的奇异和娴熟的混合）	雷恩（Sir Christopher Wren）
圣马丁教堂	公元1721—1726年	（乡土式尖顶的应用象征了一种英格兰的独特风格）	吉布斯（J. Gibbs）

第三部分 文艺复兴及以后

从上表可见，在欧洲国家，建筑师知名主要是从古希腊和古罗马开始，到中世纪（所谓"黑暗时期"）又变得默默无闻，直到文艺复兴时期，建筑师的地位又突然上升，不论是教皇或是像美第奇家族那样的显贵人士，都把建筑师（他们有的已是知名的画家或雕塑家）聘为上宾。这与当时社会和上层人士的艺术情趣提高大有关系。

几年前，英国名小说家 Ken Follett 写了一本畅销小说：《大地的支柱》(Pillars of Earth)，被改编为电视剧。它描写一个在英国农村长大的青年，如何克服种种困难，自学成才，成为一名能独立修造大教堂的匠师。从这部小说我们可以知道，在中世纪，建筑师与匠师之间没有什么严格的界限。可以肯定，社会上当时存在一批专业的建筑师，例如君士坦丁的哈吉亚·索菲亚和后来的苏莱曼清真寺，都是专门聘用已知名的建筑师来设计和营造的。有的皇帝（如罗马的哈德良）和主教（如法国圣但尼斯的苏热）也精通建筑之道，能主持设计和建造重大工程。但是大量建筑是由匠师担任的，他们组成行会，严格控制竞争。一个自学成才的青年能被委任独立建造大教堂，毕竟是罕见的。

值得注意的是在文艺复兴时期其社会地位开始改变之际，建筑师对自己的要求也不断增强。我们可以从 15 世纪建筑师－理论家阿尔伯蒂的著作《建筑十书》中读到：

> 建筑学是一门高贵的科学，不是给任何一个人头的。谁要想宣布自己是一名建筑师，就应当有优雅的天赋，善于适应，具有良好的教育……

Kostoff 是这样描述阿尔伯蒂的：

> 阿尔伯蒂（1404—1472 年）在这里描绘他自己。他在 15 世纪后半叶中对文艺复兴建筑学的传播作用的关键性相当于伯鲁乃列斯基在前半叶的作用。但与伯鲁乃列斯基不同的是，前者从行会系统升起，作为一名实践者进行了令人开眼的尝试、

a. 新圣玛利亚教堂立面

b. 阿尔伯蒂塑像

图 3-2　阿尔伯蒂作品与其塑像

而阿尔伯蒂则是一名杰出的学者，他前半生是一名古典学者、剧作家、教皇秘书、艺术理论家、文法学家以及社会评论家，然后转向建筑学。他先后在帕多瓦和波罗尼亚大学进修过，然后在意大利的一些王公庭落充当顾问。

1452 年阿尔伯蒂完成了《建筑十书》的初稿。这是继维特鲁威之后的主要建筑学理论文献，并且在某种程度上是模仿它的。维特鲁威在书中为自己的同僚归纳了希腊人的知识，对过去的应用做了规范性总结；而阿尔伯蒂对建筑学的兴趣是把它作为新知识的一个组成部分。他不是作为一名实践家向同僚实践家谈话，而是以一名人文主义者向当代重要和富裕的人物解释建筑学职业的崇高性以及它在公众生活中的地位。

他对未来的建筑师提出忠告："只要可能，我希望你只和最高贵级别和品质的人、对真正热爱艺术的人打交道，因为如果你为低俗的人服务的话，就失去了你的工作的尊严……。"对阿尔伯蒂而言，建筑学不仅是一项技能或服务。功能及其满足可以由一名工匠解决，而以线性透视学以及新数学，加上对历史资源的知识武装起来的建筑师则能成为掌握普世法则的大师，与对待自然世界的结构一样地处理建筑的框架。对阿尔伯蒂来说，自然与上帝是同义的，建筑师在他的追求中接近了上帝……（取自 S.Kostoff《建筑史》，第 407—406 页）。

不管我们是否完全接受阿尔伯蒂的这些观点，事实是他赋予了建筑师以崇高的使命，要求他们用科学知识和艺术天才把建筑学实践提高到完成时代使命的高度。

可以毫不夸张地说：15 世纪意大利文艺复兴的建筑师们，在吸取过去建筑经验的基础上，为人类创造了极为辉煌的成就，并且建立了这样优秀的传统，能够一代又一代地继承和发扬这种创造性的精神。他们的名字与他们创造的建筑风格紧密结合而不可分。通过他们，建筑史就更紧密地与建筑师的个人创造结合，以致如果我们不了解每个时代杰出建筑师的创造，我们就不可能真正理解这个时代建筑所含蓄的意义和作用。

第二节　寻找中国古代建筑师

阅读中外建筑史，笔者感触最深的是中国古代建筑师的"缺位"。从古建筑的辉煌多彩而言，中国绝不逊色于欧洲，而独具特色，为世界文化增添无可否认和贬低的贡献，但是创造这些文化的建筑师却很少见之史册。

要了解一个建筑，就不能不了解它的创作者，不能不了解他的创作环境、创作意图以及他的艺术观点，正如读《钗头凤》，而不知道陆游／唐婉悲欢离合的历史一样，其效果如何？

为何中国建筑师会受到如此冷落的对待，答案可以在《周礼—考工记》一书中找到。

《周礼》（最初名为《周官》）是我国最老的经典文献《十三经》之一，据说是西周王朝创始人周公旦所作，记录了当时中央政府的官府组织和官员职务与职责，具有很大的历史价值。但流传下来的文本中缺"冬官"一章，汉人就以《考工记》补充。后者记录了当时服务于官府的 30 种技术工人的职业，其中"匠人"一节，讲的就是建筑工人。

按照该书，"匠人"的责任是"建国"、"营国"、"为沟洫"等，包括都城（国）的测量、规划以及宫室的设计建造、防洪及排水设施等。其中"营国"一段为后人广为引用，因为它叙述了整个都城的规划布置（"左祖右社、面朝后市"）以及夏商朝宫室的形制和构造，显然相当于现代建筑师肩负的职责。然而，按照该书的规格，其他各章记录的都是"官"，而本章则是"人"（与玉人、雕人、陶人等同），都属于底层庶民之类，当然上不了史册。

根据史书,秦朝建立中央集权的政体后，就设有"将作监"的机构（明朝以后改称"工部"),相当于我们现在的建设部。其长官为"将作大臣",内有大匠、少匠等职,这是官职,其中当然包括我们现在所说的建筑师,如隋朝的宇文恺等。也就是这少数"大匠",其名得以流传下来。然而,我们所知道的各类古建筑,其建筑师就只能"缺位"了。

近代也有人试图挖掘这些无名"匠人"的身世和业绩,突出的有朱启钤先生所编撰的《哲匠录》(中国建筑工业出版社,2005年),经杨永生先生加工,收录了从唐虞尧到清的250余位(后另加民国以来的68位)"营造哲匠"以及34位"叠山哲匠"的资料,十分可贵。

笔者作为一名"槛外人",纯粹是为了自己阅读中国古建筑的需要,总想把建筑与人挂起钩来,因此也偷偷地参与了这项"寻找中国古代建筑师"的探索,就像阅读一本侦探小说那样,从一项古建筑出发,从它的历史背景寻找它最可能的(创意)设计师。笔者的寻找方式根据以下原则:

1)着重于宫廷(及皇家庙宇)与文人建筑,而不包括民居及村落(承认后者属于"无意识的集体创作");

2)着重于项目的构思者。对一些宫廷建筑,不排除直接决定或参与构思创意的帝王将相;

3)考虑到中国木建筑的高度标准化,一个建筑项目的特点,主要决定于它的选点(与周围环境的关系)、建制、布局和尺度关系等,而不在于具体构筑,因此有的项目(特别是庙宇寺观)的决策人实际上必然是其主持人[如法国的圣但尼斯大教堂,人们一般归功于其主教苏热(Suger)]。

根据这些原则,笔者编列了一个"中国古代部分重要建筑及其建筑师表",见下页。

中国古代部分重要建筑及其建筑师表

朝代	都城名	规划师	宫殿名	建筑师	园林名	景观师	寺塔名	建筑师	民间建筑名	建筑师	桥梁水利项目名	工程师	理论书籍
西周	周洛邑	周公旦、弥车											
秦			阿房宫	秦始皇							长城	蒙恬	《考工记》
汉	汉长安	萧何、杨城延	未央宫	萧何、杨城延	上林苑	刘彻							
			昭阳殿	丁缓、李菊									
魏晋南北朝	魏邺城	曹操	王莽九庙	仇延、杜林等	北齐仙都苑	崔士顺	徐州木塔	窄融					
			晋太极殿	谢万、毛安之									
	北魏洛阳	穆亮等					洛阳永宁寺	蒙母怀文					
							永宁寺塔	郭永兴					
	东晋建康	桓温					荆州长沙寺	昙翼	浔阳南里草堂	陶渊明			

续表

朝代	都城名	规划师	宫殿名	建筑师	园林名	景观师	寺塔名	建筑师	民间建筑名	建筑师	桥梁水利项目名	工程师	理论书籍
隋	大兴	高颎、宇文恺、刘龙等	仁寿宫	杨素、宇文恺			扬州白塔寺、庐山西林寺	慧达			运河	宇文恺	
	洛阳	杨素、杨达、宇文恺	显仁宫	宇文恺			江都长乐寺、塔	住力			行殿	何稠	
			临朔宫	陶朏									
			迷楼	项昇							真定安济桥	李春	
唐	长安	沿隋	紫微、王华宫	阎立德			慈恩寺大雁塔	玄奘					
			大明宫	梁孝仁			庐山东林寺	正言					
							苏州重元寺	游僧					
	洛阳	沿隋	乾元殿	前：田仁琬；后：康素			大理千寻塔	恭韬、微义	庐山草堂	白居易	洛阳中桥	李昭德	

朝代	都城名	规划师	宫殿名	建筑师	园林名	景观师	寺塔名	建筑师	民间建筑名	建筑师	桥梁水利项目名	工程师	理论书籍
唐			明堂	薛怀义			望仙楼	裴延龄	辋川别业	王维	斫门山道	路叟	
后周	汴梁（今开封）	韩通、王朴											
北宋	汴梁（今开封）	沿后周	大内宫殿	李怀义、燕用	杭州西湖	苏轼	玉清昭应宫	丁谓等	黄冈竹楼	王禹偁	泉州万安桥	蔡襄	喻皓《木经》
			皇城东北隅	韩重斌	汴京艮岳	梁师成等	景灵宫	台亭、邓守恩、林特等			泉州凤屿盘光桥	道询	李诫《营造法式》
	洛阳	沿唐	洛阳宫	焦继勋等	洛阳独乐园	司马光	开宝寺塔	喻皓					
					苏州沧浪亭	苏舜钦							
辽	中京		清风、天祥、八方三殿	萧皇后菩萨哥			大同华严寺	通悟、大慈惠法师（金）修复					

续表

朝代	都城名	规划师	宫殿名	建筑师	园林名	景观师	寺塔名	建筑师	民间建筑名	建筑师	桥梁水利项目名	工程师	理论书籍
金	上都								民居公宇	卢彦伦			
	中都	张浩	宫殿	张浩、苏保衡、孔彦周			大同善化寺	圆满法师			青峰山桥	张中彦	
	汴京	张浩、敬嗣晖	太宁宫	张仅言									
西夏	兴庆府		王陵	?			承天寺塔	?					
南宋	临安								白鹿洞书院	朱熹			
									白鹭洲书院	江万里			
									丽泽书院	吕祖谦			
元	上都	刘秉忠											
	大都	刘秉忠、郭守敬	大内宫殿	也黑迭儿、张柔等			妙应寺白塔	阿尼哥			登封观星台	郭守敬、王恂	

续表

朝代	都城名	规划师	宫殿名	建筑师	园林名	景观师	寺塔庙名	建筑师	民间建筑名	建筑师	桥梁水利项目名	工程师	理论书籍
元							北京东岳庙	张留孙、吴全节					
					苏州狮子林	天如禅师、倪瓒	杭州真教寺	阿老丁					
							泉州清净寺	阿哈玛特					
明	南京		皇城、宫城	张宁等									
	北京	朱棣?	紫禁城宫殿	吴中、蒯祥、阮安等			太庙	王顺、胡良					
			奉天等三大殿修造	雷礼、徐杲			天坛	朱厚熜			卢沟桥	雷礼、徐杲	
					苏州拙政园	王献臣	青海瞿昙寺	班丹藏布	浙江东阳卢宅	卢溶			
													计成《园冶》

143

续表

朝代	都城名	规划师	宫殿名	建筑师	园林名	景观师	寺塔名	建筑师	民间建筑名	建筑师	桥梁水利项目名	工程师	理论书籍
明					苏州留园	徐同曜、周秉忠、刘恕（清）	曲阜孔林	卢学礼、王侁吉					王圻、王思义《三才图绘》
					无锡寄畅园	秦耀	武当山紫霄宫等	郭连					牟荣《鲁班经》
					上海豫园	张南阳		？					
清	北京	沿明	大内太和等三大殿重修	梁九、雷发达	畅春园	叶洮							李渔《一家言》
			正阳门楼重建	陈壁	玉泉山静明园	张然							
					圆明园	雷金玉、雷家玺、雷景修、雷思起等四代							

续表

朝代	都城名	规划师	宫殿名	建筑师	园林名	景观师	寺塔名	建筑师	民间建筑名	建筑师	桥梁水利项目名	工程师	理论书籍
清					圆明园大水法等	郎世宁等							姚承祖《营造法原》
					万寿山	雷家玺、雷廷昌等							
					热河避暑山庄	雷家玺等			武昌黄鹤楼（康熙年修理）	黄鹤龙			
					北京半亩园	李渔			武昌黄鹤楼（同治年重修）	杨玉山等			
					苏州环秀山庄	戈裕良							
					无锡寄畅园	张扶与秦德藻父子							

（取自拙作《中国古代建筑师》，北京生活、读书、新知三联书店，2008年；香港三联书店（繁体字版），2012年）

　　这张表，肯定是很不完整的，并且很可能存在许多错误。笔者殷切期望，随着我国历史和考古资料的不断发掘，我国的建筑学者能够继承和发扬朱启钤、杨永生等人开创的业绩和传统，更多地发现和肯定我国多项历史建筑的创作者以及他（她）们的创作意图和创新贡献。使我国的建筑史具有更多的时代感和立体感。

第四章　职业建设

2005 年，在机械工业出版社赵荣编辑的支持下，拙作《特色取胜》得以出版，王国梁教授著文表示肯定，但他同时向笔者提出一个疑问：何以在书中给建筑师实践方式太多的篇幅（占 30 页）。笔者的回答是，建筑师的职业实践方式属于建筑理论的一个不可分割的组成部分。我们很多问题的产生，就是由于没有正确地认识和处理好建筑师的职业建设问题。

从 20 世纪 80 年代后期开始，笔者的注意力和学习重点转向建筑设计师（建筑师、结构工程师、设备工程师）的职业建设，并且开始理解到，和设计一栋建筑一样，一个职业也需要设计，也需要有自己的理论体系和实践方式。建筑职业体系属于建筑学理论体系的不可分割的一部分。它研究的是应当创造怎样一个职业环境，使建筑师能最佳地发挥自己的才干。

促使笔者这一转变的有两个因素：一是中国开始实行市场经济，原来的国家建筑设计院的机制受到了冲击。"大锅饭"式的事业单位制越来越不适应，在这种体制下，一个单位完成任务越多，其经济就越困难。国家因此把建筑设计单位改为新中国成立初期实行过的收费制，但由此又带出一系列新的问题。首先是设计院（设计师）的身份从国家工作人员变为契约一方，设计从事业变为"职业"，由此国家和社会需要重新确定设计师的社会地位、职业资格、责任与权利，如同对律师和会计师那样。

第二个因素是外来的。1994 年，国际建筑师协会（UIA）的执行局决定成立一个建筑师职业实践委员会，专门研究全球化对国际建筑师队伍的影响以及如何应付。执行局决定请美、中两国的建筑（师）学会主持这个委员会，分别代表发达和发展中国家。中国建筑学会委派笔者与美国建筑师学会（AIA）的代表共同担任这个委员会的联合书记。委员会成立以后，就主动承担编拟《关于建筑实践中职业主义的推荐国际标准认同书》（也就是建筑师的国际标准，以下简称《认同书》），1999 年在北京召开的第 21 届代表大会上获得通过。此后，由许安之、庄惟敏教授先后担任中方的联合书记（后改称联合主席）。

笔者当时学习的主要是美国 S.Kostoff 所编的《建筑师》（The Architect, Chapters in the History of the Profession, ed.S.Kostoff, U.of California Press, 1977）一书，这是他所著的《建筑史》的姐妹作，可称为"建筑师史"，其中他把建筑师职业的演变分为七个阶段（见《特色取胜》第四章第八节"中国的建筑实践方式"）。与此同时，美、英、澳、日、港的朋友们又分别向笔者提供了他们现行的有关建筑师职业的规章制度和相关资料，使笔者得益不浅。

笔者学习后的主要体会有：

一、要用注册建筑师的个人责任制取代单位负责制。这是因为：

1）人类社会需要标志性建筑，以**体现一种社会愿望，一种集体意识，一种文化的集中表达**，而建筑师正是这一愿望和表达的体现者。这种社会愿望（从与"神"的沟通到对"人"的肯定）和文化表达随着时代的不同而变化，但始终存在。这是建筑师职业存在和产生的根本原因。

2）不论中外，建筑师（匠师）都曾有过"御用"和民间两类。这里的"御"，可以指国王、教会或政府，"民间"的可称为"自由职业者"；前者承担标志性建筑，后者承担"母体"建筑。但标志性建筑和"母体"建筑是不可分的，它们承担着不同的社会功能，同时在建造技术上又存在着互生互补的关系。如果说，最初的社会中，"母体"建筑不被重视，那么，随着人文概念的变化，"母体"建筑在社会中的地位越来越得到承认和注意。尽管表现方式不同，"母体"建筑同样体现社会愿望、集体意识和文化表达，因此也越来越和标志性建筑一样，需要有建筑师来实现这一新的社会意愿。事实上，开创现代建筑的四位大师：赖特、勒·柯布西耶、格罗皮乌斯、密斯几乎都是从住宅（别墅）设计起家的。

3）建筑在社会中的重要作用，向建筑师提出了崇高的职业要求。他（她）应当具有广博的知识、深厚的文化修养和特殊的才能，才能实现社会的期望。这些才能包括建筑的**构思和创意、策划和设计以及监督其设计意图的完满实现等三个方面**。这些要求随着社会的发展，特别是因社会分工的细化而有变化（例如：设计与营造的分离、结构师、机电师、园林师、规划师等的分离等），但是以上三项基本任务仍然是不变的。正像一个乐队需要一个指挥一样，一个工程项目也需要一个协调者，这丝毫没有贬低乐队中其他成员（钢琴家、小提琴家等）的身份。用政治化的概念来人为地否定建筑师的这种社会功能是愚蠢而有害的。

4）在中国，建筑师地位和作用长期被贬低和否定……以致很长时间以来，在中国可以有诗人、文人、史家，却没有建筑师。在 20 世纪引进这一职业概念后，不久又被否定，而把它列入工程师的系列。直至今日，我们在某一工程建成的舆论报道中，也很少见到建筑师的名字。应当说，这是"中国特色"中的一大缺陷。

在建立我国的注册建筑师过程中，曾经有这样的一个说法：即注册建筑师制度的建立是为在我国建立私营设计事务所创造条件，甚至有人担心，它会导致国家设计院的瓦解。事实证明：以个人为主体的设计事务所，与建筑师的职业特点是互相补充的一种组织形式，但并不是唯一的形式，它与国有制并不发生矛盾和对立（也有人提出设计事务所是"发展方向"，是我国建筑师与国际接轨的主要形式，笔者对这些说法也持保留态度）。事实上，只要在法律上肯定注册建筑师的地位和职责，只要在市场惯例上不偏向哪一方，国有制和私有制都可以合理运转。因此，总的说来，笔者认为，我国"注册建筑师条例"基本上适应我国的国情和建筑师的业务规律。

其实，世界各国在制定自己的建筑师职业制度时，都是从自己的国情出发的。笔者在学习几个主要国家的建筑师职业制度时，就发现美、英、日三国各自的基本特点：

——美国：美国的宪法规定人民的"安全、健康与福利"由各州负责。1897年，伊利诺伊州首先颁布了建筑师注册法。各州的注册法，从一开始就明确规定，除很小的和临时性的建筑外，所有建筑物都只能由注册建筑师承担设计。各州的注册法大同小异，在这一点上则是共同的。美国对注册建筑师的要求是：

（1）毕业于一个经过评估合格的建筑院校（取得建筑学学士的职业学位）；

（2）有不少于3年的系统的职业实践经验；

（3）通过统一考试合格。

1914年，有来自13个州的15名建筑师发起成立全国注册建筑师管理委员会（National Council of Architectural Registration Boards，简称NCARB，恰切的译法应是全国建筑师注册局联合委员会），很快就有美国各州的建筑师注册局参加，负责统一全国的注册考试。

——英国：英国法律只保障建筑师的称号，但不保障其职业。任何公民都可以挂"设计师"的牌子，承接建筑设计（只要业主敢和肯委托），但不得用"建筑师"的称号来承接任务。英国的建筑师称号是通过一种"导师"制度实现的，即一个要成为建筑师的青年，在进入评估合格的建筑院校后，要在一个"导师"的指导下学习、写论文、参加各种考试，分3个阶段达到"建筑师"的水平。至于他的事业能否取得成功，那就看他在市场竞争中能否显示其专业和职业道德水平了。

——日本：日本在第二次世界大战后技术人才缺乏，法律规定实行"建筑士"制度，凡是在建筑或工程学校（相当于我们的专科）毕业并有一定实践经验者，可以参加"建筑士"的考试（有点类似我国的二级建筑师），通过后即可承接建筑与结构工程设计。日本的建筑学会只是学术组织，不涉及职业管理。同时有的职业人士组织日本建筑家同盟（JIA），这是一个民间组织（但被 UIA 承认为国家成员组织），其会员可用"建筑师"的称号，但没有法律保障，完全靠市场竞争取得业务。但聪明的业主当然都愿意找知名的"建筑师"来设计。

这三种不同的制度，都是从其国情出发的。以笔者的认识，英国的制度最能保障建筑师的质量。这是由于大英帝国多年的教育制度的积累，师资雄厚，因之能够有足够的"导师"来对学生进行个别的指导，这是中国至少目前难以做到的。日本的制度有其当年产生的原因，尽管日本建筑师队伍多年来一直致力于以"建筑师"替代"建筑士"制度，但难度极大，何况还有人认为建筑士考试包括建筑与结构、设备专业，命题的水平甚高，是其突出的优点；而日本从明治维新以来，其市场竞争与政府管理已经比较完善，所以这个战后建立的制度仍然得到维持。

中国的注册建筑师制度与美国的比较接近（但也有自己的特点，特别是在设立两级注册），我们可以相信，在积累了 20 年的经验后，中国完全有条件不断改善自己的制度，保持既有自己的特色，又不次于国际先进水平的程度。

二、进一步完善注册建筑师制度——若干问题的商榷

尽管我们在建立建筑师注册制度上奠定了良好的基础，但在职业制度建设上仍然存在一些困扰笔者的问题，提出供大家研究：

1)"掐头"；

2)"设计招投标"；

3)"截尾"。

兹分别论述。

1."掐头"

指的是建筑师（以及广义的设计师）在设计项目前期阶段没有发言权。

笔者还记得在 1960 年度中期，笔者有幸参与大西南的"三线建设"。在群山峻岭中，我们（厂方、工艺和建筑设计单位组成小组，有时指挥部的司令员也来参加），在绵延不息的阴雨中，每天奔走于泥泞的山间小路上，按照"山、散、隐"的原则，寻找合适的厂址，尽管多数地方属于"有（油）水不大"，但大家的热情不减。每天下来回到住所，首先就总结今天走了几里路。我这个大城市来的"白面书生"，因为老是滑跤，滑跤次数也成为他们统计和调笑的内容。然而，在那个时候，设计单位参加选址，成为理所当然之事。至今给我留下良好的回忆。

后来实行"市场经济"了，前期工作就离开了我们，成为甲方（开发商）和领导的专利品。当设计任务拿到你面前时，任务书、场址等都已定案。建筑师（设计师）的任务就是"穿衣戴帽"，还得不断受"片面追求形式"或"千篇一律"的批判。

大约是在 20 世纪 80 年代后期，清华大学的博士生朱文一写了《设计策划》的论文，我参加其答辩时，高度赞扬选题的精彩。后来看到他的论文成书，我也很高兴，希望能引起有关当局的重视。但时至今日，匆忙的定案、拍板仍然风行一时，设计单位仍然多数被排斥在建设前期阶段之外。

2."设计招投标"

这个制度的建立，其出发点是促进设计竞争，当然是好的；但是从它的名称和实施来看（且不论实际存在的一些非规范以及腐败现象），它存在甚大的缺陷。

首先，从名称来说，把其他领域（包括施工领域）中正当实施的概念和做法移植到设计领域是不妥当和有害的。所谓"招投标"是指在某一商品的设计、规格、质量标准都十分肯定和明确的条件下，用招标的方式来吸引竞争者参与投标，并让最能保证质量而又能以低廉成本（不一定是最低的）的参与方取胜。但是在设计阶段，虽然已有明确（或不很明确）的设计任务书，但是项目的基本面貌仍需要通过设计来确定，也就是说，竞争是在产品规格还不肯定（有待肯定）的条件下进行的，相反，设计竞争正是要求参与者发挥创造力提出最佳构思，产生最佳社会、环境和经济效益（不是造价）的方案，因此用固有的招投标概念和做法套在设计头上，并作为唯一正确方法，是有问题的（实际上，当这个制度初次提出时，很多国外建筑师表示不能理解，后来因为他们太热衷于进入中国市场，也就迁就了。从全球范围说，可能只有中国有这种叫法和做法）。

美国建筑师西萨·佩里对笔者讲述过他自己在英国伦敦的国家美术馆扩建中的经历。当时，甲方（国家美术馆）并没有采取英国经常采用的方案竞争制，而是成立一个选择委员会，他们根据调查建立了一名单（shortlist），其中包括他们认为是全球最佳的美术馆设计者若干名建筑师，然后一一邀请到伦敦面谈，听取设计师对其基本构思的设想，交换看法。在全部面谈后，委员会做出挑选的决定（美国建筑师文丘里中选，佩里也是名单中的一位，但他的构思未被选中）。这一方法的主要特点是"对话"，在业主、专家和建筑师之间用交流和对话的方式达成互相了解，这种对话贯穿于方案设计的全过程，其中还包括把方案公布于公众听取意见的过程。这个例子给我印象甚深，说明要选择最合适（不一定是最高超)的建筑师途径可以是多样的。关键是作为甲方,必须把项目的社会、环境、经济效益放在首位，从这个出发点来采用最合适的方式选择建筑师（设计师）。

笔者曾经参加过若干次设计招投标评选，感到最缺乏的就是与建筑师的对话。有的项目让建筑师做不超过一定时间的介绍（实际上是方案说明书的朗读），有的干脆放一段录像了事，然后让专家们经过短暂讨论后投票，最后由领导拍板（实际上专家投票结果往往不符合甲方或领导的胃口而被否决。有的项目连经过几次方案竞选，谁是评委，谁是决策者都说不清）。

其实，一个重要项目的方案确定，需要经过反复的推敲，绝不是少数几个专家投投票就能决定。最佳方案的产生，必须有一个"对话"的过程。用实施在商业和施工领域的招投标做法搬到设计上来，是格格不入的，必然会产生很多弊病。笔者相信：这种单一的、绝对的做法迟早会被淘汰。

3. "截尾"

指的是设计单位在项目实施阶段"话语权的丧失"。

有一位香港建筑师对笔者说："你们老埋怨你们的设计费太低，我们的设计费太高。其实你们在施工图交付后就'完事'，而对我们来说，施工图完成至多只是完成总工作量的60%，很大的工作量在施工阶段的监督。"他的这段话又使我想起法国建筑师格伦巴看到电灯开关装歪时的表情。

大约是20世纪80年代的某时，由于市场开放后一时出现的工程质量事故增多，建设部开始研究建立施工监理制度。当时主要任务是保证建筑安全，监理单位实际上是另一个施工单位。在讨论建立监理制时，有人提出设计单位不得监理自己设计项目的施工。笔者对这一项当然是极力反对。笔者当时提出设计单位监督自己设计的项目是天经地义的国际惯例，因为施工质量中安全固然是第一位的，但施工精致度也是质量水平的标志，而只有设计师知道自己设计的项目中关系建筑精致度的关键部位。这一争议只是在1995年9月颁布的《中华人民共和国注册建筑师条例》中有了明确，在这个《条例》中，对注册建筑师执业范围（第二十八条）作了下列规定：

第二十八条 注册建筑师的执业范围具体为：

（一）建筑设计；

（二）建筑设计技术咨询；

（三）建筑物调查与鉴定；

（四）对本人主持设计的项目进行施工指导和监督；

（五）国务院建设主管部门规定的其他业务。

但是，尽管有这个规定，在一些始终是施工占主要地位的管理部门中它是得不到认真贯彻的。笔者在这里要提出吴奕良同志的努力，当他任中国勘察设计协会理事长的职务时，大力提倡发展设计总承包制度，从另一个角度实现了国务院的要求。在协会的鼓励下，在一些工业部门的设计单位中，设计总承包得到迅速的实施，取得了显著的成绩，但遗憾的是，在建筑部门虽然也有进展，但比不上其他工业部门。这里很重要的一个原因是有的开发商从自己的利益出发，并不欢迎设计单位来进行总承包和监督，而很多设计单位也安于现状，不去惹这个"麻烦"了。中国大量建筑项目处于"粗放"状态，以房子不塌为满足，也就很难再纠正了。

第二节 我国建筑师职业建设的一些片段 *

最近在《中国建设报》（2008 年 7 月 28 日）上看到一则新闻："我国建筑学教育评估实现国际互认"，使我不禁想起近 20 多年来我所参与过的建筑师职业建设的一些片段。

事情从 1990 年谈起。当年，香港大学的黎锦超、龙炳颐教授发起，在香港举行中、英、美以及香港地区有关建筑学教育的座谈会，邀请国

---

* 本稿作于2008年10月，供《建筑创作》用。

内八大建筑院校、建设部教育司、设计司、中国建筑学会的负责人参加。会上，大家一致认为，建筑师是一个独立的、崇高的职业，建筑师的职业建设要从学校教育开始。建筑学的本科教育应当不少于五年，毕业后应授予建筑学学士的职业学位，以区别于一般的（工学士）学术学位。这一认识，得到我国教育部与国务院学位委员会的认可，并确定我国的建筑学本科教育以五年制为目标，在全国逐步推行。

1992 年，建设部设计司、教育司、中国建筑学会在北京联合举办了"建筑师的未来"座谈会，与会的有各省市建委、建设厅设计处、教育处负责人；英国皇家建筑师学会、美国建筑师学会、美国全国注册建筑师管理委员会、澳大利亚皇家建筑师学会、香港建筑师学会的会长都出席，被称为一次"建筑师峰会"。会议经过交流，一致认为，尽管各国国情不同，但是建筑师职业制度应当包括:学校教育（评估）——职业实践培训——职业资格考试、注册等三个阶段。这一认识，得到建设部叶如棠部长的认可，并确定建立注册建筑师制度为设计改革的重要内容。于是兵分三路，一路由建设部教育司（秦兰仪负责）在教育部、国务院学位办的支持下，在我国实行建筑学教育评估制度，先在八大学院进行，逐步推广；另一路由建设部设计司（吴奕良负责）在人事部的支持下，进行注册资格考试的准备，组织了石学海、袁培煌、董孝论、费麟、谷葆初等几十位专家组成的考题设计组进行命题工作。1994 年在辽宁省建设厅的大力支持下，进行了试点；1995 年在全国推行。第三路由建设部法规司（张元端负责）在国务院法规局的支持下，草拟《中华人民共和国注册建筑师条例》。中国建筑学会对以上工作进行配合，并组织翻译收集国外文献资料。

我国在进行上述活动时，重视开展国际交流合作。在教育评估方面，与美国、英国进行了互访，相互派代表参加对方的评估。到 1990 年代末，美国建筑教育评估委员会（NAAB）决定与中国建筑教育评估委员会确认相互承认对方的评估标准，也就是说，双方互相承认经过本国评估通过的建筑院校取得建筑学学士学位的学历。

在注册考试方面，美国全国注册建筑师管理委员会与中方多次派员互相视察注册考试，交流考试大纲，并互相承认建筑师实践标准。双方负责人原来有意争取在 2005 年达到考试标准的互认，但后来由于中国有关主管领导的反对，没有实现。

《中华人民共和国注册建筑师条例》在 1995 年 9 月 23 日，由国务院总理李鹏签署，以国务院令第 184 号颁布。条例中确定，所有建筑设计文件均必须有中华人民共和国注册建筑师的签字。从此，注册建筑师制度在我国得到法律确认，并且带动了注册工程师制度的推行。为此，建设部专门成立了注册考试资格中心，由吴奕良、赵春山、王子牛负责，在很短的时间内，又推行了全国的二级注册建筑师以及一、二级注册结构工程师的考试注册制度。

我们的这一工作，在国际同业中受到瞩目。1994 年国际建筑师协会在东京举行的理事会上，决定成立建筑师职业委员会，推举美国建筑师学会与中国建筑学会担任联合书记，负责起草建筑师国际职业标准，中国建筑学会委任笔者为其代表。

除与美、英、澳等国的双边交流外，我们与其他国家（包括日本、韩国、俄罗斯等）以及我国香港地区也进行了密切的交流。韩国的代表团到中国考察后，立即决定将本国大学本科的建筑系四年制改为五年，并推行注册考试制度。

国际建协建筑师职业实践委员会在美中两国的主持下，组织了十几个国家的建筑专家反复讨论，草拟了《关于建筑实践中职业主义的推荐国际标准认同书》，在 1999 年于北京举行的有近 100 个国家建筑师学会的代表参加的国际建协第 20 次代表大会上得到一致通过，从此各国建筑师在职业实践中有了一个共同的职业标准。继笔者之后，先后有许安之、庄惟敏教授担任国际建协建筑师职业委员会的联合书记（后改为联合主席）。

今天，在看到《建设报》上的报道（中国与美国、英国、加拿大、澳大利亚、墨西哥、韩国等国共同担任建筑教育评估标准的国际互认发起国），我感到非常高兴与激动。这又一次说明，中国在建立建筑师职业制度的成绩已得到五大洲各国的承认。

在回顾我国改革开放 30 周年之际，我坚信，我国建筑学教育评估制度以及注册建筑师制度的建立，是我国建筑师职业建设、建筑设计改革的一大成就。诚然，它还需要从大环境到其本身继续改进，但是，迄今为止，它对我国建筑师职业素质的提高、我国建筑创作水平的提高、我国建筑设计体制的改革以及我国建筑师进入国际设计市场均起了有利的作用。在这一工作中，许多专家、学者、政府官员及学会工作人员付出了辛勤的劳动。我作为一名摇旗呐喊的小卒，向他们致以崇高的敬意。

第三节　职业主义的含义

随着"职业"（profession）的产生，就有了"职业主义"。这是"professionalism"一词的直译，听起来极为别扭。吴良镛先生主张用"职业精神"代替，通俗地说，又可理解为"职业道德"。

笔者的好友，美国建筑师学会（AIA）委派的国际建协建筑师职业委员会第一任联合书记 J·席勒是 AIA 的资深会员，长期在 AIA 总部工作。他对"professionalism"有特别研究，国际建协的《认同书》中关于"professionalism"的一段，就是他亲自起草的：

> 建筑师应当恪守职业精神、品质和能力的标准，向社会提供能改善建筑环境以及社会福利与文化所不可缺少的专门和独特的技能。职业精神的原则可由法律规定，也可规定于职业行

为的道德规范和规程中。

职业精神 (Expertise)：建筑师通过教育、培训和经验取得系统的知识、才能和理论。建筑教育、培训和考试的过程向公众保证了当一名建筑师受聘向社会提供其职业服务时，该建筑师能符合胜任该项工作的合格标准。通常、建筑师协会以及国际建协均有责任和义务去维持和提高其成员对建筑艺术和科学的知识水平，同时对其发展作出贡献。

自主精神 (Autonomy)：建筑师向业主或使用者提供专业咨询服务、应不受任何私利的支配。建筑师的责任是，坚持以知识为基础的专业判断分析，在追求建筑艺术和科学方面，应当优先于其他任何动机。

建筑师还要遵守从道德到日常事务的法律条文、并周全地考虑到其执业活动所产生的社会和环境影响。

奉献精神 (Commitment)：建筑师在代表业主和社会所进行的工作中应当有高度的无私奉献精神、职业地为业主提供服务、并代表业主作出公平和无偏见的判断。

负责精神 (Accountability)：建筑师应意识到自己的职责是向业主提出独立的（若有必要时、甚至是批评性的）建议，并且应意识到其工作对社会和环境所产生的影响。建筑师和他们所聘用的咨询师只能承接他们在专业技术领域中受过教育、培训和具有经验的职业服务工作。

国际建协通过其成员国组织及其职业实践委员会的计划、寻求确立保障公众健康、安全、福利和文明所需要的职业精神原则以及职业标准、并始终坚持职业精神和能力的标准应是符合公众利益并维护其职业信誉的立场。

国际建协的原则与标准旨在对建筑师进行完善的教育和实

践培训、使其能达到基本的职业要求。这些标准要求承认不同
国家的教育传统，因而也允许对等性因素。

笔者与席勒共事中，对"professionalism"的理论含义开始有所领会。

在计划经济下，设计院与业主都是国家的，建筑师和业主代表都是国家干部，没有独自的利益，但到了市场经济，情况就不同了，即使都是国营单位，仍各自有自己的利益驱使，受双方的契约制约。建筑师提供的是对业主的职业服务，而业主的利益往往与社会的整体利益（例如环境效益）发生矛盾。在这种情况下，就需要设计院（建筑师）秉着职业主义（职业精神）来处理这些矛盾。

席勒为国际建协《认同书》所拟定的职业主义（职业精神）的原则是：首先，建筑师要运用自己的专业教育、培训、经验所取得的知识和才能为业主提供高质量的职业服务；同时，又要把追求建筑艺术和科学作为最优先的动机，而不受任何私利的支配；在向业主提供专业服务时，必须考虑到社会和环境的要求，作出公正的判断，向业主提出独立的（甚至是批评性的）建议。只有这样，才能"符合公众利益并维护其职业信誉的立场"。

他的这个草稿，得到委员会的高度评价和支持采纳，并且得到 UIA 代表大会的一致通过。

它使笔者想起阿尔伯蒂对建筑师的忠告。那时，建筑师是被教皇或权贵家族等雇主聘用的，没有现在的独立性。然而，阿尔伯蒂仍然对未来的建筑师提出忠告："只要可能，我希望你只和最高贵级别和品质的人、对真正热爱艺术的人打交道，因为如果你为'低俗的'人服务的话，就失去了你的工作的尊严。"在这种权贵当道的时代，能提出这样的主张和立场，显现了一名建筑师应有的品质和情操。

插图目录

主要参考文献

英文版

柯斯托夫，S：《建筑史，背景与仪式》（History of Architecture，Settings and Rituals，Oxford University Press，1995）

《建筑师》（The Architect，Chapters of the Profession，Berkeley：California Press，1977）

詹克斯，C.：《后现代主义的故事——建筑学中嘲讽性、肖像性和批判性的 50 年》，Wiley，2001

派罗斯，J.O.：《建筑学的历史转折点——现象学与后现代的兴起》，Minnesota UniversityPress，2010

中文版

梁思成：《图像中国建筑史》（英文原著，费慰梅编，梁从诫译，最早于 1984 年在美国出版，1991 年由中国建筑工业出版社在国内出版，今版为百花文艺出版社 2001 年出版）

刘敦桢（主编）：《中国古代建筑史》（中国建筑工业出版社，1984 年第二版）

卡彭，D.S.：《建筑理论》，王贵祥译，中国建筑工业出版社，2007 年

K. 弗兰姆普敦：《现代建筑——一部批判的历史》（第四版）Modern Architecture：A Critical History，Thames and Hudson，1980，1985，1992，2007，张钦楠等译，北京三联书店，2012 年

K. 弗兰姆普敦（主编）：《20 世纪世界建筑精品集锦》（10 卷本），

中国建筑工业出版社，奥地利 Springer 出版社，1999 年。

西蒙，H.A：《人工科学》（第二版），武夷山译，北京：商务印书馆，1987 年。

萨弥逊，P 等：《经济学》（第十四版），胡代光等译，北京经济学院出版社，1996 年。

斯科特，G.：《人文主义建筑学：情趣史的研究》，张钦楠译，中国建筑工业出版社，2012 年

张钦楠：《阅读城市》北京三联书店，2004 年

张钦楠：《特色取胜——建筑理论的探讨》，机械工业出版社，2005 年

张钦楠：《建筑设计方法学》（第二版），清华大学出版社，2007 年。

张钦楠：《中国古代建筑师》，北京三联书店，2008 年；香港三联书店，2012 年，

张钦楠：《有关创造特色的几个理论型问题探讨》，引自《现代中国文脉下的建筑理论》，中国建筑工业出版社，2008 年。

张钦楠：《跨文化建筑——全球化时代的国际风格》，香港商务印书馆，2009 年。

张钦楠：《百年功罪谁论说——评奥斯曼对巴黎的旧城改造》，《读书》，2009.7.

索　引

166

后 记

《红楼梦》里妙玉以"槛外人"之名向宝玉祝寿,论者说她自称看破红尘,实际上没有(所谓"僧不僧,俗不俗"者)。笔者毕生陷于尘埃,借用此名,不过是想找一个比"门外汉"一词"雅"一些的称呼而已。

然而,一个人一生都生活在城市中,成天出入于建筑,要不对城市与建筑发生感情(包括爱与恨)也不大可能。加上工作关系,于是从阅读建筑理论书开始,再涉猎建筑史,再从书画和实际生活中结识古今中外一些建筑师,再琢磨建筑师的职业建设,一轮下来,30 年匆匆过去,始终是一名"槛外人"。

即使如此,人亦有情,总多少有些感触、评价和想法,于是写成此稿,也作为一个 80 多岁老人的告别之言吧。

本书内照片除特殊注明者外,一般为作者用傻瓜照相机所摄,质量不高,敬请读者原谅。

对中国建筑工业出版社的领导和责任编辑以关怀、支持和帮助,特表深切的感谢。

2013 年 8 月